GUIA MODERNO DO RADIOESCUTA
COM MEMÓRIAS E HISTÓRIAS DAS ONDAS CURTAS

Cristiano Torres do Amaral

Dados Internacionais de Catalogação na Publicação (CIP)

A485m   Amaral, Cristiano Torres do
         Guia Moderno do Radioescuta: com Memórias e Histórias das Ondas Curtas / CRISTIANO TORRES DO AMARAL. Brasília: Edição do Autor, 2021. 333 p.

         ISBN 978-65-00-20800-9

CDU 621.3
CDD 600

A beleza é a única coisa preciosa na vida.
É difícil encontrá-la, mas quem consegue descobre tudo.

Charles Chaplin

Agradecimentos

Cassiano Alves Macedo
Programa Encontro DX
Rádio Aparecida

Danilo Nonato
Programa Rádio DX
Rádio Palavra Alegre

PREFÁCIO

No mundo conectado pela internet e telefones celulares ainda existem pessoas que ouvem rádio, dedicando boa parte de seu tempo livre garimpando a sintonia de emissoras de rádio em ondas curtas. Os radioescutas buscam sinais de emissoras distantes, radioamadores ou até mesmo de astronautas no espaço. Os abnegados ouvintes do rádio contribuem para o desenvolvimento científico e tecnológico do país, fornecendo informes de recepção de estações experimentais, meteorológicas ou de sinais de satélites que monitoram o meio ambiente em tempo real. Escrevo este livro para contribuir na formação dos radioescutas, bem como promover um registro histórico desta atividade. O texto também apresenta um guia prático com informações técnicas sobre as telecomunicações, guerra eletrônica, bem como relatos biográficos de radioescutas de todo o mundo.

Prof. Dr. Cristiano Torres do Amaral

GUIA MODERNO DO RADIOESCUTA
MEMÓRIAS E HISTÓRIAS DAS ONDAS CURTAS

O RÁDIO
EM ONDAS CURTAS

O RÁDIO EM ONDAS CURTAS

O primeiro capítulo deste livro apresenta o passatempo, descrevendo de maneira lúdica, o *hobby* com as escutas de emissoras de rádio em ondas curtas. Para tanto, descrevemos o perfil do radioescuta, bem como algumas características do ouvinte técnico de rádio. Também demonstramos os objetivos deste livro, a metodologia utilizada para organização dos relatos obtidos nas mídias sociais, a importância das ondas curtas e da radiodifusão pública.

Evitamos utilizar termos técnicos, para alcançar todos os públicos de leitores interessados nas comunicações por ondas curtas. Essa é uma característica do *hobby* de radioescuta, que congrega pessoas de diferentes formações e classes sociais.

EU SOU UM RADIOESCUTA?

Radioescuta é o nome atribuído às pessoas que se dedicam ao *hobby* de ouvir rádio, para entretenimento, mas de maneira diferenciada dos ouvintes convencionais. Contudo, o radioescuta não quer apenas ouvir notícias ou sua música favorita. Ele quer mais e, por isso, são atributos de um radioescuta a curiosidade, interesse cultural e a busca por informação diferenciada, aprendizado de um novo idioma. Ele também se dedica a pesquisa sistemática por estações de rádio exóticas ou que descrevam peculiaridades regionais, sociais, religiosas ou técnicas.

Radioescuta pode ser homem, mulher, idoso, adolescente ou criança, pois não há restrição de gênero ou idade. Basta ter um rádio receptor e uma antena para buscar as emissoras de rádio pelo *dial* (indicador no painel de varredura do rádio).

O radioescuta não se limita a ouvir as emissoras em Frequência Modulada (FM) ou Amplitude Modulada (AM) de sua cidade. Ele sempre quer ouvir algo diferente, seja em uma rádio de sua cidade ou de outro país. Por isso, um importante aliado do radioescuta são as ondas curtas *(shortwaves - SW)*, uma vez que essa faixa de radiodifusão possibilita a comunicação em longas distâncias. A faixa de comunicação por rádio em ondas curtas recebe esse nome em função de suas características eletromagnéticas, isto é, por causa do tamanho da onda de rádio que se propaga no espaço como sinal de radioelétrico. A denominação de onda curta faz sentido quando comparada aos demais sinais radioelétricos das outras faixas de radiodifusão.

As ondas curtas possibilitam a comunicação em longas distâncias porque o sinal de rádio das emissoras é refratado na atmosfera até ser refletivo novamente para a superfície da Terra. É um fenômeno físico, que muda a direção das ondas de rádio que viajam pelo espaço, e depende da hora do dia, condições ambientais e da faixa de ondas curtas que está sendo monitorada.

O radioescuta dedica-se horas do seu dia em busca de emissoras de rádio distantes e que possam ser captadas pela antena de seu rádio. As ondas de rádio são invisíveis e se propagam no espectro eletromagnético, uma abstração científica criada para descrever o comportamento físico da energia emitida pelas antenas dos transmissores de rádio. Não é por acaso que recebem o nome "emissoras de rádio".

O monitoramento sistemático de emissoras de rádio distantes recebe o nome de DX, isto é, Distância "X" ou Distância Desconhecida. Para essa atividade o radioescuta investe em aparelhos de rádio modernos e antenas eficientes. A maioria dos radioescutas fabricam as suas próprias antenas, para aumentar o desempenho e sensibilidade de seus receptores de rádio e captarem emissoras mais distantes.

No Brasil existem vários clubes e associações de radioescutas. Nessas instituições os radioescutas trocam informações, aprimoram seus conhecimentos e promovem encontros regulares para difusão das atividades na sociedade. Destacam-se o DX Clube do Brasil, DX Clube Sem Fronteiras e a Associação DX do Brasil. Também existem programas de rádio dedicados aos radioescutas. A Rádio Aparecida, por exemplo, apresenta o Programa Encontro DX todos os sábados. Além disso, radioamadores também criaram rodadas virtuais de comunicação dedicadas aos radioescutas.

A fabricação de antenas, monitoramento do espectro eletromagnético, observação das condições ambientais e da atmosfera, entre outros atributos forjam os radioescutas. É um *hobby* democrático, que alcança pessoas de todas as idades e classes sociais. Todos unidos pela magia do rádio.

Publicado em 30 de junho de 2020

OUVINDO RÁDIO EM ONDAS CURTAS

SERRA DO CURRAL / MINAS GERAIS – 2018

A ESTAÇÃO DE RADIOESCUTA

Ouvir emissoras de rádio em ondas curtas, estações exóticas, internacionais ou sinais horários são alguns atrativos do passatempo do radioescuta. Não há limites geográficos para as ondas de rádio e elas viajam pelo espaço até a antena do receptor que consiga receber o sinal eletromagnético na atmosfera.

Montar uma estação de radioescuta é algo muito simples, basta ter um rádio receptor, uma antena e... *voilà*! Existem rádios receptores e antenas para todo tipo de bolso. Os receptores possuem características típicas que servem de diferencial para compra. Não pretendemos apresentar um tutorial para compra de aparelhos receptores, muito menos apontar quais são os equipamentos utilizados pelos grandes radioescutas.

Em uma abordagem lúdica, podemos dizer que algumas características dos receptores delineiam gostos e desejos de muitos apreciadores de rádio pelo mundo. Por exemplo, um rádio digital apresenta a frequência exata da emissora, facilitando o trabalho do radioescuta iniciante. O rádio analógico, por sua vez, para ouvidos mais afinados pode ajudar a seleção da sintonia de emissoras que possuem frequências muito próximas. Não é possível atribuir juízo de valor a algo que está no limite do desejo pessoal.

A sensibilidade e a seletividade de emissoras são diferenciais apreciados pelos radioescutas. Neste caso há um bom consenso. A sensibilidade descreve a capacidade do rádio receptor garimpar emissoras distantes, isto é, quanto mais sensível for, maior será a capacidade de conseguir sintonizar um sinal radioelétrico. A seletividade é outro requisito e está associada à sintonia para diferenciar as estações de rádio em frequências próximas. A seletividade garante a exatidão da sintonia da frequência da emissora.

A antena é outro importante recurso da estação do radioescuta. Ela é responsável por converter as ondas de rádio em sinais elétricos. A eficiência das antenas não é medida em função do tamanho. Uma boa antena possui ganho e diretividade bem definidos. O ganho da antena descreve seu comportamento na captação do sinal e, se ela tem ganho elevado, significa dizer que ela consegue concentrar muita energia na recepção. A diretividade é outra especificação relevante, a qual informa a orientação de captação da energia na antena. Em outras palavras, a direção de apontamento da antena, de onde ela recebe o máximo de energia.

As antenas telescópicas que são nativas dos rádios receptores possuem baixa eficiência, uma vez que o ganho é pequeno e não possuem diretividade. Essas antenas são omnidirecionais, ou seja, captam a energia de todas as direções, sem concentrá-la em uma única direção. A recepção de energia de todos os lados pode incluir os ruídos que estão a sua volta.

Por isso, o radioescuta gosta de fabricar suas antenas. Os receptores de rádio mais sofisticados possuem entrada de antena externa com ajuste de ganho para modalidade de recepção local ou de longa distância (DX). As antenas são fabricadas de acordo com a faixa de frequência que o radioescuta deseja ouvir. A energia das ondas de rádio que se propagam pelo espaço precisa entrar em ressonância com o metal condutor da antena. A ressonância está associada à vibração das ondas de rádio. As antenas entram em sincronia com essa oscilação, captando o máximo de energia quando possuem o tamanho proporcional ao comprimento da onda de rádio.

O iniciante de radioescuta também se encanta com esses fenômenos e busca entender como é possível ouvir emissoras de rádio distantes em AM, FM ou ondas curtas. A luz do sol e outros fenômenos físicos ionizam a atmosfera e influenciam na propagação das ondas de rádio. De acordo com a frequência e propagação na atmosfera, é possível ouvir uma emissora pela manhã e outra à noite.

Para ajudar os ouvintes do rádio em ondas curtas, os especialistas organizaram as frequências em bandas. As bandas são indicadas em chaves ou botões seletores nos receptores. Cada banda possui um conjunto de frequências com ondas de rádio de tamanhos similares. Por exemplo, as emissoras de rádio de 49 metros possuem as ondas eletromagnéticas com esse tamanho aproximado. As ondas de rádio se propagam no vácuo com a mesma velocidade da luz e seu comprimento, em metros, é definido por essa relação proporcional com a frequência da emissora de rádio.

Os receptores de rádio dos radioescutas possuem bandas para sintonia do maior número possível de emissoras. As bandas de ondas curtas, ou *Short Waves* (SW), indicadas nos receptores de rádio, captam as emissoras internacionais que operam em diferentes frequências. Os receptores atuais, e mais comuns, possuem sintonia para bandas de 49 (5.800-6300 kHz), 31 (9.300-9.665 kHz) e 25 (11.500-12.200 kHz) metros. Os equipamentos mais sofisticados possuem maior oferta de bandas para sintonia ou operam em modo "banda corrida", isto é, em uma faixa ampliada de recepção, fazendo a varredura das emissoras sem a necessidade de troca de bandas em uma chave ou botão seletor.

A energia irradiada pelas antenas das emissoras de rádio é modulada, isto é, preparada para receber as mensagens que serão transmitidas ao receptor da informação. Tudo começou com as técnicas de modulação analógicas, que modificam as ondas de rádio de acordo com forma da mensagem a ser transportada. É possível mudar a quantidade de energia (Amplitude Modulada – AM), o tamanho da onda de rádio (Frequência Modulada – FM), enviar apenas uma parte da energia (Banda Lateral Única – SSB), entre outras técnicas. A evolução tecnológica também possibilitou a modulação digital, ou seja, envio de mensagens codificadas com *bits* (dígitos 0 e 1) e que transportam áudio, textos e vídeos. Os receptores de rádio mais simples possuem modos de recepção limitados e, em geral, sintonizam apenas sinais com modulação analógica (AM e FM).

O radioescuta também utiliza um bom guia com a relação de emissoras de rádio em operação, indicando a frequência, dia e horário da transmissão. No passado, os guias com a documentação das emissoras eram disponibilizados em obras como *World Radio TV Handbook* (WRTH) ou em colunas nas revistas de radioamadores e montagens eletrônicas. Os clubes e associações de radioescutas também produziam suas tabelas com orientações para escuta das emissoras. Atualmente, o WRTH ainda existe, mas bancos de dados online são as grandes referências. Existem inúmeras páginas na internet que disponibilizam gratuitamente as tabelas de alocação das emissoras de rádio em todo o mundo. O *Short-Wave Info* é um banco de dados online e nele é possível verificar a relação de emissoras por banda de operação em todo o mundo.

O radioescuta está na era digital, onde toda a informação está disponível na nuvem. A programação das emissoras é disponibilizada em multiplataforma, sendo possível acompanhar a programação nas estações de ondas curtas ou no aplicativo de *podcast*.

A era digital também facilitou a vida do radioescuta, pois ele pode entrar em contato com a emissora predileta por e-mail ou formulário eletrônico. Nas páginas da internet, o canal de comunicação eletrônico viabiliza o envio de relatórios de recepção às emissoras, bem como recebimento dos respectivos cartões de confirmação (eQSL).

Em tempos de virtualização também é possível ser um radioescuta sem ter um rádio e antena. Isso é possível utilizando os servidores remotos de Rádio Definido por *Software* (Web SDR – sigla em inglês). Existem inúmeros provedores WebSDR espalhados pelo mundo, operando em diversas bandas e modos de recepção. Os provedores desse serviço disponibilizam uma plataforma virtual para sintonia de rádio através da internet. O internauta radioescuta pode escolher a frequência, o modo de operação e monitorar o espectro eletromagnético na região onde o provedor está instalado. Os WebSDR podem ser excelentes aliados para os radioescutas iniciantes, pois eles estão disponíveis gratuitamente para acesso no computador e em aplicativos de telefone celular.

Publicado em 17 de novembro de 2020

AS ONDAS DE RÁDIO

A conversão do som em sinal elétrico para viajar no meio físico, guiado, foi um avanço significativo e mobilizou esforços de Thomas Edison (1847-1931) e Graham Bell (1847-1922). Pouco tempo depois, o fenômeno da propagação das ondas eletromagnéticas, que fascinou James C. Maxwell (1831-1879), já era utilizado por Guglielmo Marconi (1874-1937) e Padre Landell de Moura (1861-1928) para realizarem seus experimentos com a transmissão de sinais pelo espaço.

A transmissão da energia sem fio seduziu pesquisadores de todo o mundo. Este fenômeno intriga as pessoas, ao ponto de imaginarem um meio diferenciado para os campos eletromagnéticos se propagarem. No século XIX, algumas pessoas imaginavam a existência de um meio físico, denominado Éter, por onde as energias terrenas se movimentavam no espaço. Por algum tempo, o uso da expressão "nos falamos pelo éter" ainda era utilizada por radioamadores para se referir ao contato via rádio.

Essas histórias alimentaram teorias e sentimentos místicos por muitos anos. Os estudos da Física, em especial do eletromagnetismo, não corroboram com tais conceitos, os quais foram abandonados pelos cientistas ao longo do século XX.

É reconhecida a existência das ondas de rádio, ou ondas eletromagnéticas, criadas a partir da emissão de energia produzida por campos elétricos e magnéticos. Esses campos são gerados pelo fluxo de elétrons em corrente alternada nos meios condutores.

As antenas são fabricadas com elementos metálicos responsáveis por emitir e captar os sinais eletromagnéticos, ou seja, as ondas de rádio. Os efeitos físicos dos campos elétricos e magnéticos, ortogonais entre si, explicam a propagação da radiofrequência no espaço livre. Cálculos teóricos demonstram, com auxílio das Equações de Maxwell, como os campos elétrico e magnético surgem no espaço quando uma corrente alternada passa por um elemento condutor. Essas equações também descrevem o comportamento dos elementos condutores quando estão expostos aos campos elétrico e magnético, que excitam os elétrons do material da antena e geram o fluxo de corrente elétrica para recepção do sinal de rádio.

Em um parque de transmissão de rádio AM, por exemplo, a energia necessária para gerar as ondas de rádio é muito grande. Os transmissores possuem centenas de kW de potência e consomem muita eletricidade. *"Nada se cria, tudo se transforma"*, como diria Lavoisier (1743-1794), as antenas dos transmissores convertem a energia elétrica em campos eletromagnéticos que são irradiados para o espaço livre. A energia é tão intensa que é possível ascender lâmpadas fluorescentes segurando-as livremente nas proximidades das antenas de rádios AM.

As ondas de rádio são classificadas de acordo com a frequência de operação. A frequência, medida em Hertz (Hz), é uma característica que descreve a quantidade de oscilações por segundo das ondas de rádio. Correntes elétricas em frequências baixas precisam de muita energia para geração dos campos eletromagnéticos que se propagam no espaço. Contudo, se os elétrons se alternam em frequências elevadas, a quantidade de energia necessária é menor.

A tecnologia possibilitou o uso de equipamentos mais sofisticados, capazes de modular o sinal de rádio para transmissão da informação de maneira mais eficiente. Para tanto, os transmissores de FM utilizam frequências mais altas para emissão das ondas de rádio com apenas algumas dezenas de kW de potência.

As frequências mais altas vibram em intervalos de tempos menores e, por isso, o comprimento da onda de rádio é menor. Nessas bandas de rádio, as antenas possuem dimensões menores, pois conseguem irradiar a energia ou captar os sinais recebidos em elementos condutores em tamanhos proporcionais ao comprimento de onda. Nas frequências mais altas, as ondas de rádio possuem comprimento de poucos centímetros.

Nas frequências mais baixas, as antenas também são fabricadas com tamanho proporcional ao comprimento de onda, mas o tamanho é bem maior. Na faixa de rádio em ondas curtas, por exemplo, as ondas eletromagnéticas possuem algumas dezenas de metros. É por isso que o radioescuta utiliza um fio longo como antena externa para melhorar a recepção do sinal da emissora.

A frequência e o comprimento de onda também definem outras limitações das ondas de rádio. Os fenômenos físicos da difração, refração e reflexão explicam em detalhes tais comportamentos. Nas altas frequências, o sinal de rádio viaja no espaço visual, isto é, em linha de visada. As emissoras de rádio FM, por exemplo, possuem maior cobertura em áreas que com topografia regular. Em áreas de serras e montanhas, o alcance é limitado pelas áreas de sombra. As emissoras de rádio FM possuem cobertura local.

Nas frequências mais baixas, as ondas de rádio se propagam pela superfície da Terra, com maior eficiência no período noturno.

Esse é o caso das emissoras de rádio AM. É por isso que são emissoras que possuem alcance regional.

As frequências que possuem o comprimento da onda de rádio entre 10 e 80 metros são conhecidas como ondas curtas. As ondas curtas possuem alcance internacional, uma vez que são capazes de se propagar por longas distâncias por meio da reflexão ionosférica. A atmosfera é a camada de gases que envolve a Terra e que sofre alterações com a ação dos raios solares ao longo do dia. Uma emissora de rádio em ondas curtas tem alcance intercontinental, mas depende da sazonalidade da propagação dos sinais radioelétricos na atmosfera.

O radioescuta passa horas do seu dia monitorando o comportamento das ondas de rádio no espectro eletromagnético. Ele utiliza mapas de previsão atmosférica para predição da propagação do sinal de rádio, associando-os às tabelas de frequências das emissoras de rádio internacionais em ondas curtas. Nessa caçada pelo *dial* do rádio, é possível ouvir programas jornalísticos de regimes totalitários, músicas exóticas e orientais, ou a narração da jornada esportiva de futebol europeu, ao vivo. Dessa maneira, o passatempo associa ciência e lazer, cultura e informação.

Publicado em 17 de novembro de 2020

UM LIVRO NAS REDES SOCIAIS

Escrever um livro de memórias não é uma tarefa simples, pois o autor precisa resgatar experiências pessoais adquiridas ao longo de toda a vida para escolher os momentos que serão imortalizados nas páginas em papel. A responsabilidade é ainda maior quando desejamos descrever fatos marcantes em horas de lazer com um *hobby* que está desaparecendo. A radioescuta é uma atividade que não desperta muito o interesse dos jovens e, ao que tudo indica, deixará de existir nos próximos anos.

A tecnologia está alterando o cotidiano das cidades, bem como o comportamento das pessoas. A dinâmica social das famílias exige maior dedicação de tempo e flexibilidade, tanto para o trabalho quanto para o lazer. As novas tecnologias disponibilizam oportunidades para emprego e diversão, independente do dia da semana, horário ou local de realização. Atualmente, é possível deslocar de uma cidade para outra e levar seu trabalho em um computador ou celular. Muitas pessoas definem seu expediente de acordo com a conveniência para realização. A remuneração das atividades virtualizadas, bem como as relações de trabalho são discutíveis, no entanto, essa realidade não deixará de existir.

O teletrabalho, a virtualização das atividades com armazenamento de entregas na nuvem e as ofertas de emprego sob demanda estão presentes no dia a dia das grandes metrópoles. As relações pessoais também seguem o ritmo definido pela tecnologia. As mídias sociais formam uma teia de relacionamentos que estabelecem grupos de contatos profissionais e pessoais. As redes sociais conectam trabalhadores e servem para reunir famílias, formar casais e criar amizades.

Mídias sociais, trabalho, informação, bancos, tudo converge na tela de um telefone celular com internet. A vida de 90% dos brasileiros já está transitando em um *smartphone* e, em grande medida, dependemos dessa tecnologia para quase tudo. Os jovens, cerca de 30% dos brasileiros, nasceram em um mundo onde o telefone móvel concentra oportunidades de trabalho, informação e lazer. Por sua vez, o aparelho de rádio está se integrando ao mundo virtual e deixando de existir fisicamente.

O rádio é mais um item no *menu* do telefone celular, concorrendo com os aplicativos de música, esportes e notícias. Os jovens brasileiros ouvem músicas no *Deezer* ou *Spotify*. Nesses aplicativos também é possível ouvir um comentarista político ou econômico fazendo sua análise de conjuntura em um *podcast*. Os jovens não esperam o programa começar ou a propagação do sinal de rádio ficar favorável para comunicação. Além disso, se não for do agrado, é possível desligar o áudio, mudar para um programa de vídeo e assistir a um episódio de sua série predileta no *NetFlix* ou *Amazon*.

Não há diferencial que possa salvar o radioescuta neste mundo com plataformas digitais. Por isso, escrever um livro de memórias é tão importante. Este *hobby* surgiu com a popularização do rádio, em especial, durante a Segunda Guerra Mundial. Ouvir ondas curtas naquele período era uma questão de sobrevivência. O rádio sobreviveu, por muito tempo, como veículo de comunicação de massa sem a concorrência da internet ou telefone celular. É possível estimar que a radioescuta esteve presente nos últimos 60 anos, cativando pessoas de diferentes gerações.

Não podemos ignorar a relevância das mídias sociais nos dias atuais e, por isso, este livro está sendo escrito com contribuições coletadas em grupos especializados de radioescutas. Inicialmente, foi criado um grupo específico para receber os depoimentos dos radioescutas: Memórias e Histórias de Radioescutas. No dia 2 de maio de 2020 publicamos a primeira história.

Contudo, o grupo recém-criado não mobilizava engajamento mínimo para consolidação de material para formatação de um livro. Alguns meses depois, foram disparadas postagens nos grupos especializados de radioescutas no Facebook: Amantes do DX; Amantes por Ondas do Rádio (AM, FM, LW, SW e SSB) Brasil; *Australian Radio DX Club*; Cadena DX; Dexismo FM, AM e OC; DX – Portal do Radioescuta; DX Suquia; *Grupo Radioescucha Argentino*; Radialistas, Radioamadores e Radioescutas; Radioescutas; Radioescutas - Ondas Curtas, AM e FM; *Radioescucha Onda Corta desde Chile*; Rodada dos Radioescutas; *Nostalgia por la radio (FM, AM y ONDA CORTA)*; Observatório DX; *Shortwave Radio Portables DX*; *Shortwave Radio Station Listening*; *Shortwave Radio Listening from Chile*; RFM – Transmissores, entre outros.

O grupo *Shortwave Radio Station Listening* possui mais de 13 mil participantes de todo o mundo e foi a amostra com maior representatividade. Recebemos depoimentos de pessoas de diferentes nacionalidades, descrevendo relatos de como iniciaram a prática da radioescuta. Os testemunhos foram carregados de emotividade e nostalgia, que remetem às lembranças mais significativas das pessoas participantes.

Entre as mais de 300 interações tabuladas, é possível destacar que o radioescuta surge no seio familiar, a partir de influência de pais, avós, tios e irmãos. O rádio aparece como um presente de

Natal ou como um equipamento na cabeceira da cama do vovô. O radioescuta nasce da curiosidade inocente de uma criança, com idade entre 8 e 12 anos, que invade o quarto do tio e começa a mexer em seus pertences. Ele também está presente nas brincadeiras de espionagem dos primos, ilustrando as investigações de *James Bond*, das crianças que se divertem com os mistérios da guerra fria.

Os depoimentos coletados nas mídias sociais descrevem o cotidiano das famílias de radioescutas dos últimos 60 anos. Em todas as histórias, o rádio estava presente nas casas das pessoas. E hoje? O cotidiano das grandes cidades possibilita a descoberta da radioescuta pelas crianças? O rádio será lembrado nas memórias dos jovens de hoje nos próximos 60 anos de que maneira?

Publicado em 30 de junho de 2020

A DESCOBERTA DAS ONDAS CURTAS

Ouvir rádio em ondas curtas é um passatempo praticado por diversas pessoas em todo o mundo. Nas mídias sociais é possível encontrar grupos, clubes e associações de pessoas que se reúnem para praticar, aprender e ensinar o *hobby*. Garimpar emissoras de rádio internacionais, sinais horários ou comunicações de amadores mobiliza horas dos ouvintes na sintonia de seus receptores.

Nas mídias sociais encontramos grupos especializados em escutas de emissoras de rádio distantes (DX) em ondas curtas, ondas médias, altas frequências, construtores de antenas, fabricantes de receptores de rádio artesanais e, mais frequentemente, radioescutas que compartilham seus vídeos com as escutas. Os vídeos, em geral, apresentam pequenos trechos que comprovam a sintonia da emissora de rádio, informando a frequência, data e horário. O compartilhamento dos vídeos estimulam os iniciantes para buscarem a mesma sintonia com seus receptores e antenas.

Também encontramos radioescutas que exibem seus troféus com as escutas, isto é, os cartões QSL que comprovam a sintonia das emissoras. O termo QSL foi apropriado do código internacional de telecomunicações, muito utilizado em telegrafia, que confirma a compreensão da mensagem enviada. Os cartões QSL são respostas oficiais das emissoras de rádio que atestam as escutas de seus programas pelos radioescutas. No passado, os cartões QSL eram enviados por correio convencional, acompanhados de outros *souvenirs*: calendários, agendas, flâmulas, etc. Nos dias atuais, as emissoras de rádio utilizam formulários eletrônicos com resposta automática para envio de cartões QSL eletrônicos.

Para entender melhor como essa paixão surgiu, consultamos esses grupos nas mídias sociais, indagando seus membros sobre a história pessoal com as ondas curtas (Fig. 1). Nesse trabalho, resgatamos a memória do radioescuta, reconstruindo fatos e momentos marcantes de seu passatempo predileto. Recebemos mais de 300 interações nos diversos grupos, descrevendo relatos diários.

Figura 1. Postagem no grupo de radioescuta

Os relatos descrevem o dia a dia do radioescuta, em família, praticando seu passatempo de maneira individual ou coletiva. Lindsey Ralston, norte-americana, é uma radioescuta que descobriu o *hobby* em companhia do marido, depois de limpar a cozinha do jantar (Fig. 2). Ela foi tomada pela curiosidade de ouvir os ruídos do rádio que emanavam de seu quarto. Era o esposo que estava tentando sintonizar dois radioamadores da Califórnia, enquanto estava deitado antes de dormir. No depoimento é possível destacar a felicidade da norte-americana ao conseguir ouvir a conversa dos radioamadores.

Figura 2. Depoimento de uma radioescuta norte-americana

A curiosidade de Lindsey Ralston é a mesma que levou inúmeras crianças com idades entre 8 e 12 anos a conhecerem as ondas curtas. Durante a pesquisa nas mídias sociais, leitura das interações e relatos nos grupos sociais, descobrimos que a maior parcela dos radioescutas iniciou o *hobby* na infância. A influência dos pais foi decisiva para fomentar a curiosidade dos jovens, incentivando-os para ouvir algo a mais no rádio.

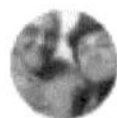

Figura 3. O jovem curioso e o rádio da família

Gary Goltz, norte-americano, descobriu as ondas curtas mexendo no antigo rádio da família que ficava na sala de sua casa (Fig. 3). Bill Doubledee, outro norte-americano, também seguiu o mesmo caminho, brincando com rádio de seu pai (Fig. 4).

A disponibilidade de aparelhos de rádio receptores com ondas curtas nos últimos 60 anos também foi algo relevante. Entre os anos 1950 e 1960, o rádio era um veículo de comunicação de massa. Ele estava presente nas casas das famílias de todo o mundo.

Os descendentes dessa geração, nos anos 1970 e 1980, cresceram com o aparelho de rádio dentro de casa. Eles viram seus pais ouvindo rádio, bem como acompanharam acontecimentos históricos pelas vozes de locutores de todo mundo nas ondas curtas. Neste período também ocorreu a massificação da televisão. As gerações seguintes, 1990 e 2000, não ouviam o rádio como seus avós, pois cresceram com seus pais assistindo televisão. A internet também surgiu nessa época e, por isso, o bem mais desejado não era um aparelho de rádio, mas o computador.

Figura 4. O rádio como brinquedo de criança

Após 2000, observamos o fenômeno da digitalização da informação, bem como popularização do telefone celular. Em 2010, o telefone móvel já ocupava lugar de destaque dentro das casas das famílias de todo o mundo. Essas mudanças se acentuaram com a virtualização das tecnologias, transformando diversos dispositivos em aplicativos embarcados nos telefones móveis. Câmera fotográfica, relógio despertador, agenda, rádio, entre muitos outros se transformaram em um item no menu do *smartphone*.

O cotidiano das famílias modernas ainda incluem momentos para ouvir uma boa música, futebol e notícias, mas sem utilizar a plataforma de rádio convencional que conhecemos nas últimas décadas. Os momentos de descobertas das ondas curtas dentro de casa estão cada vez mais raros. As crianças e jovens não vão se surpreender e encontrar, ao acaso, seus pais ouvindo rádio em ondas curtas no quarto. Os aparelhos de rádio na cabeceira da cama do vovô também não existem mais. A sobrevivência da radioescuta depende dos jovens, da sua curiosidade, da descoberta despretensiosa. Para tanto, o papel dos clubes e associações é essencial, promovendo encontros e palestras em escolas e praças públicas para despertar o interesse dos jovens com a radioescuta.

Publicado em 13 de novembro de 2020

MASCOTE DA RÁDIO ROMÊNIA INTERNACIONAL

AS REDES SOCIAIS E AS ONDAS CURTAS

A internet e o telefone móvel despertam a curiosidade dos adolescentes nos dias atuais. É um fenômeno global, com repercussão em diferentes segmentos sociais. Os telefones móveis, infelizmente, estão com os jovens na sala de aula, no metrô, durante o jantar e até na hora de dormir. O uso do aparelho é viciante. Todos ficam aguardando a próxima notificação de mensagem ou curtida em uma foto nas mídias sociais. Os jovens utilizam esses recursos digitais para ouvir a banda musical predileta, tirar fotos, praticar jogos *online*, acompanhar a jornada esportiva e, principalmente, participar das redes sociais.

As redes sociais agrupam pessoas com interesses comuns em grupos virtuais de discussão, compartilhamento de mensagens, fotos e vídeos, ou ainda, oferta de vagas de trabalho, pessoas desaparecidas, fãs clubes de artistas, seguidores de uma religião, entre outras atividades que buscam uma conexão social. Não há barreiras geográficas ou políticas para as mídias que estão disponíveis na tela do telefone celular.

As mudanças e os efeitos das redes sociais e da tecnologia na vida das pessoas já eram previstos por Milton Santos, no livro "*A Natureza do Espaço*", bem como Manuel Castells, em sua obra "*A Sociedade em Rede*". As redes sociais possibilitam a disseminação rápida de mensagens e o fluxo de capital entre pessoas e corporações de todo o mundo.

Hoje em dia, tudo acontece de maneira ágil, em poucos

segundos, sem a necessidade de esperar um dia e horário da semana para ter o canal de comunicação aberto pela tecnologia ou as condições favoráveis do meio ambiente para a mensagem alcançar seu destinatário. A dinâmica das famílias, empresas, cidades, economia e política sincroniza com a tecnologia que passa a ditar o ritmo dos fluxos produtivos. As relações sociais, de trabalho e de consumo seguem caminhos virtuais, guiados pelo roteamento dos pacotes de dados digitalizados.

Pode parecer contraditório, mas os algozes do rádio e das ondas curtas podem se transformar em importantes aliados para divulgação e sobrevivência do *hobby* de radioescuta. Os jovens nascidos depois do ano 2000 estão imersos em um mundo de alta tecnologia, conectados pelas redes sociais nos telefones móveis e vivendo em casas que não possuem os aparelhos de rádio. No Brasil, cerca de 30% das famílias não possui um rádio dentro de casa, mas 90% delas possui um telefone celular com acesso à internet.

As redes sociais possuem grande potencial de convencimento e mobilização das massas. As mensagens eletrônicas derrubam governos ou elegem presidentes. Os grupos de compartilhamento de textos, fotos e vídeos espalham mensagens capazes de desacreditar instituições tradicionais ou recrutar seguidores para atos extremistas. Tudo circula em redes no mundo virtual e movimenta as pessoas no mundo real. Portanto, é possível utilizar as mídias sociais para ampliar os praticantes da radioescuta no Brasil e no mundo.

Neste estudo utilizamos as redes sociais que reúnem os adeptos à escuta das ondas curtas para entender como este passatempo seduziu tantas pessoas nos últimos anos. Para tanto, produzimos uma pergunta para estimular as pessoas compartilharem suas memórias de radioescuta sobre como tudo começou: - *Como você começou a ouvir estação de rádio em ondas curtas? Compartilhe sua história.*

Nosso objetivo é realizar um registro histórico dos radioescutas, um inventário virtual com depoimentos dos ouvintes das ondas curtas. Do ponto de vista científico, a hipótese mais provável sugere a descontinuidade deste *hobby* nas próximas décadas, uma vez que seus quadros não são renovados. Portanto, consolidar os testemunhos dos radioescutas será muito importante para descrever a transição do rádio convencional, transmitido em ondas de rádio, seja em ondas médias, curtas ou em alta frequência, para a plataforma digital, com armazenamento em nuvem e disponibilidade sob demanda na internet.

Inicialmente, criamos um grupo virtual para reunir os depoimentos dos internautas: Memórias e Histórias de Radioescutas. O grupo no Facebook foi publicado no dia 2 de maio de 2020 e, pouco tempo depois, recebemos apoio do Programa Encontro DX, da Rádio Aparecida. Este é o único programa de rádio brasileiro com transmissão regular em ondas curtas que é dedicado aos radioescutas. No dia 31 de outubro de 2020, Cassiano Alves Macedo, produtor e apresentador do programa, anunciou o sorteio do livro "Anedotário do Rádio Brasileiro" entre os radioescutas que compartilharem suas histórias no grupo Memórias e Histórias de Radioescutas.

Também concedemos entrevista ao programa "Rádio DX", da emissora Palavra Alegre. O programa em idioma português é transmitido em ondas curtas pela *World Christian Broadcasting* (WCB), direto de Madagascar. O locutor brasileiro Danilo Nonato é responsável pela produção do programa e, na ocasião, foi possível descrever os objetivos do livro, bem como convidar seus ouvintes da América do Sul e da África para participarem do projeto.

Figura 5. Postagem com a pesquisa

Além do grupo criado no Facebook, também propagamos a pergunta aos radioescutas no idioma inglês com o formato de *meme*, isto é, uma mensagem curta acompanhada de uma foto temática (Fig. 5). A foto utilizada foi originalmente utilizada em um anúncio da loja de departamentos Joseph Horne, em Pittsburgh, nos Estados Unidos. O título da foto é *"Ouvir rádio era uma experiência nova no início dos anos 1920, e os meninos eram entusiastas fervorosos da tecnologia emergente"* (Bettmann/Corbis).

Figura 6. Participação nos grupos de radioescutas

A estratégia era atrair a atenção dos internautas membros dos grupos de radioescutas para responderem ao questionamento e, ao mesmo tempo, resgatarem as lembranças mais marcantes do passatempo. O idioma inglês foi utilizado para alcançar radioescutas de diferentes nacionalidades. Na postagem também foi incluído um pequeno texto, onde apresentamos a motivação para escrever um livro de memórias dos radioescutas.

A postagem foi realizada em 36 grupos de radioescutas, radioamadores, construtores amadores de antenas, jornalistas, locutores e profissionais do rádio. Nestes grupos as mensagens eram postadas em idiomas português, espanhol e inglês, com membros residentes na América do Norte, América Central e Caribe, América do Sul, Europa e Ásia. Os 36 grupos que receberam a postagem com o *meme* possuem 115.092 membros registrados, bem como tempo médio de criação de 5 anos. A publicação foi feita simultaneamente em todos os 36 grupos do Facebook e permaneceu ativa por tempo indeterminado (Fig. 6).

Entre os dias 30/10/20 a 14/11/20, ou seja, 15 dias, foram alcançadas 10.598 pessoas, registradas pela plataforma com a visualização da postagem. Houve engajamento de 1.048 pessoas, isto é, que reagiram a publicação com algum tipo de manifestação virtual (curtidas, compartilhamento ou leitura dos comentários). Neste período foram apurados 477 comentários em resposta a postagem.

Os comentários dos internautas radioescutas apresentavam depoimentos importantes, que descrevem memórias significativas de iniciação ao passatempo. Selecionamos algumas histórias para compor o livro, bem como realizar o registro de momentos marcantes do rádio em ondas curtas nas vidas de pessoas de todo o mundo.

Publicado em 14 de novembro de 2020

RADIODIFUSÃO PÚBLICA

A história do rádio no Brasil tem início com um transmissor de 500 Watts, fornecido como demonstração, pela empresa norte-americana *Westinghouse*. O equipamento foi instalado no Rio de Janeiro, no alto do Corcovado. No dia 7 de setembro de 1922 ocorreu a primeira transmissão de rádio no país. Foi um evento festivo que ocorreu durante as comemorações do centenário da Independência do Brasil. Foram cedidos 80 aparelhos receptores instalados na capital fluminense para a população acompanhar o discurso do presidente Epitácio Pessoa.

Depois da demonstração no evento, o governo brasileiro não adquiriu o equipamento. Contudo, Roquette Pinto, médico e antropólogo conhecido por participar da Missão Rondon, convenceu a Academia Brasileira de Ciências para financiar a aquisição dos equipamentos. Em 1922, ele fundou a primeira emissora no país, a Rádio Sociedade do Rio de Janeiro. A emissora dedicava a programação ao conteúdo cultural e educativo, apresentando discussões literárias, concertos musicais e temas que educavam o ouvinte.

As emissoras de rádio públicas surgem durante a Era de Ouro do Rádio, impulsionadas pelo sucesso das radionovelas e jornadas esportivas. Neste período são inauguradas a Rádio Inconfidência, em Belo Horizonte/MG, e Rádio Cultura - Fundação Padre Anchieta - TV Cultura, em São Paulo/SP.

Alguns anos depois, a emissora criada por Roquette Pinto foi doada ao governo brasileiro e passou a ser administrada pelo

Ministério da Educação. O rádio exerceu papel estratégico na sociedade durante o governo Getúlio Vargas. Foi neste período, não por acaso, a criação do programa Hora do Brasil e da Rádio Nacional.

A apropriação do rádio como meio de comunicação oficial dos governantes desvirtuou o propósito cultural e educativo que alimentou os primórdios do sistema de comunicação. Isso não ocorreu apenas no Brasil, mas em todo o mundo. Os nazistas utilizavam o rádio para espalhar suas mensagens de ódio e medo durante a Segunda Guerra Mundial. O rádio também foi um instrumento de dissuasão e alienação da população nos regimes militares na América Latina.

As trocas de governos, mudanças políticas e ideológicas, afetaram o serviço de radiodifusão pública em diferentes países. No Brasil não foi diferente e, por causa das interferências externas no propósito cultural, educativo e jornalístico das emissoras públicas foi instituída a Empresa Brasil de Comunicação.

Em 2007, a EBC absorveu o parque tecnológico da Rádio Nacional de Brasília, Rádio Nacional da Amazônia, Rádio MEC, além da emissora de TVE do Rio de Janeiro, e criou a Rede Brasil de Comunicação e a Agência Brasil.

Ao longo do tempo, a RBC consolidou-se como importante meio de comunicação e informação no país, principalmente com as emissoras em ondas curtas da Rádio Nacional da Amazônia. Um legado da Era de Ouro do Rádio, mas que ainda é a principal fonte de informação de povos indígenas e ribeirinhos na Amazônia Legal.

O serviço de radiodifusão pública deve ser valorizado e protegido pelos brasileiros. Valorizado porque historicamente contribui com a educação e a cultura da população. Protegido porque não pode sofrer com mudanças políticas e ideológicas a cada troca de governo.

Publicado em 12 de junho de 2020

SINTONIA DA RÁDIO INCONFIDÊNCIA

ESTÁDIO MINEIRÃO / BELO HORIZONTE – 2020

MINHAS MEMÓRIAS

MINHAS MEMÓRIAS

O segundo capítulo desta obra resgata alguns momentos marcantes em minha vida pessoal e profissional, com destaque para o passatempo de radioescuta.

A minha vida pessoal está intimamente ligada à minha carreira, e vice-versa, uma vez que dediquei toda a minha vida acadêmica ao estudo das telecomunicações. A formação técnica surgiu a partir da curiosidade do jovem radioescuta, a partir do interesse em conhecer um pouco mais acerca da propagação das ondas de rádio.

A cada degrau alcançado na minha trajetória profissional, recordava-me dos momentos iniciais, ainda na adolescência, descobrindo os segredos das telecomunicações em um antigo rádio valvulado, ou ainda, vasculhando a biblioteca do Colégio Técnico da Universidade Federal de Minas Gerais em busca das concorridas revistas de montagens com circuitos eletrônicos.

DE FÉRIAS COM MEU RÁDIO

Dezembro de 1986 e muitas expectativas por mais um período de férias que se iniciava. Havia terminado a quinta série e, para um garoto de onze anos, muitas aventuras estavam me esperando em mais uma viagem para o interior do estado de Minas Gerais. O destino, mais uma vez, era o Vale do Aço, em uma viagem de cerca de quatro horas para Ipatinga e mais algum tempo em estrada de terra para Joanésia.

Era um período onde poucas pessoas possuíam aparelhos de televisão. Não era incomum encontrar nas praças um obelisco com televisores ligados nas quatro direções para a população acompanhar as telenovelas da Rede Globo, o Programa Sílvio Santos, bem como os campeonatos de futebol.

Entre as minhas memórias consigo acompanhar cada momento dessa viagem, com suas longas paradas para embarque e desembarque de passageiros nas estradas de minas. Caixas, malas em couro e muitas sacolas retardam as partidas do ônibus Mercedez O-355 para cumprir sua jornada de 53 km de estrada de terra até seu destino.

Era uma viagem desgastante para uma idosa, por isso, minha avó mudou-se para Ipatinga, de maneira que ficasse mais próxima da família e da assistência médica da cidade. Na casa nova, no alto de uma serra em lugar chamado Paraíso, ela tinha o conforto de sua nova morada e um pequeno companheiro, seu rádio Sanyo RP 7160. O rádio de ondas curtas permitia acompanhar as notícias de todo o país, e ainda, ouvir um pouco de música sertaneja raiz.

Cheguei em sua casa e vivenciei de perto o poder do rádio no final dos anos 80. Era uma relação de confiança entre minha avó e o rádio. O noticiário era um momento importante do dia, pois ela tinha a sensação de pertencimento ao mundo moderno. Era na rádio Aparecida que ela sustentava sua fé ouvindo as missas matinais pelas ondas curtas.

Naquela casa não havia outra opção senão ser contagiado pelo rádio. Enquanto minha avó dormia, entre um e outro cochilo após o almoço, era possível ouvir seu rádio companheiro que descansava em cima de uma prateleira próxima ao fogão de lenha. Era um momento privilegiado, pois lá estavam reunidos o rádio, um bule de café aquecido e um bom queijo minas.

Nas ondas curtas era possível ouvir a rádio Bandeirantes com o campeonato paulista de futebol e, como bom mineiro, escolher entre a rádio Itatiaia e Inconfidência para acompanhar a jornada esportiva transmitindo mais um clássico de Atlético e Cruzeiro. Também era possível ouvir as emissoras internacionais em alto e bom som, com destaque para rádio Voz da Rússia e sua programação em português para o Brasil.

Era um momento de tensão entre as superpotências, pois estavam negociando acordos internacionais para redução das armas nucleares. Os telejornais e programas de rádio do Brasil só apresentavam notícias produzidas por agências ocidentais. Ouvir a rádio Voz da Rússia naquele momento histórico era algo muito significativo, principalmente, para um garoto que estava estudando a crise geopolítica na escola.

As emissoras internacionais possibilitaram a abertura de portas de conhecimento de maneira democrática. Não havia restrição de público e até mesmo um jovem garoto de férias na casa de sua avó poderia acompanhar os debates políticos no final da guerra fria.

Publicado em 2 de maio de 2020

RÁDIO DA FAMÍLIA SABINO TORRES

"LUGAREJO CONQUISTA"

JOANÉSIA/MG – 1981

O ANTENISTA

O ano era 1991 e todos os dias pela manhã me deparo com uma cena inusitada enquanto pedalo para o Colégio Técnico da Universidade Federal de Minas Gerais (COLTEC/UFMG). Em uma casa modesta, e muito bem cuidada, vejo inúmeras antenas no telhado. Eram antenas de todos os tamanhos e formas: quadradas, triangulares, espinha de peixe e muitas outras figuras exóticas. Há também inúmeros fios e cabos elétricos esticados entre os mastros que sustentam as gambiarras.

O amanhecer aguça minha imaginação que já estava efervescente. Todo tipo de ideia associava aquelas tranqueiras e parafernália no telhado a algum tipo de maluco que estivesse em busca da melhor antena. Uma pessoa doente com algum tipo de transtorno obsessivo-compulsivo que a obrigava instalar uma nova antena a cada lançamento de canal de televisão ou emissora de rádio.

Eu estava nos primeiros meses do curso técnico e a minha imaturidade acadêmica limitava o entendimento sobre as antenas. Haveria naquela casa um "Antenista"?

Resolvi iniciar uma investigação particular e comecei a passar pela rua em horários alternados, de maneira que o acaso do destino possibilitasse meu encontro com o Antenista. O morador da casa das antenas era muito reservado e mesmo com inúmeras passagens em frente ao seu portão eu não consegui provocar um encontro inesperado para questioná-lo sobre as antenas.

Eu não fiquei satisfeito com o resultado da minha pesquisa empírica e iniciei uma nova busca no oráculo do conhecimento: a biblioteca da UFMG. Naquela época não havia buscas pela internet e toda a pesquisa deveria ser feita entre as estantes de livros. Busquei por livros sobre antenas e encontrei um autor chamado Constantine Balanis. Vi muitas integrais e equações sobre planos coordenados cilíndricos e esféricos que me deixaram mais assustado do que esclarecido. Logo pensei: "- É por isso que o Antenista deve ser algum maluco! São muitos cálculos!"

Nos minutos finais da minha pesquisa descobri uma coleção de revistas que começou a elucidar o enigma do Antenista. A Revista Antenna Eletrônica Popular que trazia textos e imagens de fácil entendimento. A publicação expandiu meus horizontes. Descobri um universo de experimentação com todo tipo de antena. Era o mundo técnico do rádio descrito nas páginas amareladas da revista. Operação, montagens eletrônicas, radioamadorismo, radioescuta e muito mais. Não havia restrição de idade ou conhecimento, pois as fotos mostravam pessoas de diferentes profissões entre os experimentadores e radioescutas. Nas legendas dos autores de projetos de antenas era possível identificar nomes de médicos, advogados, professores, etc.

Não perdi tempo e levei alguns exemplares para casa e continuei minhas pesquisas para descobrir quem era o Antenista. As antenas, que antes tinham formas geométricas sem sentido, agora estavam classificadas e descritas detalhadamente em meu material de estudo. Até mesmo os fios esticados sobre o telhado foram batizados: *long wire* e G5RV.

E o sentido físico da antena? Não estava claro e eu precisava estudar mais sobre o assunto. Busquei então uma edição do livro de Física da Prof. Beatriz Alvarenga e descobri que a eletricidade em corrente alternada oscila em intervalos de tempo específicos e pode propagar-se pelo espaço. Isso só é possível com a ajuda de um transdutor, isto é, algo que converte a eletricidade no meio guiado (fio de cobre) para propagação no espaço e vice-versa.

A antena é um transdutor e ela é capaz de converter a eletricidade em corrente alternada em um fio cobre para propagar-se no espaço na forma de ondas eletromagnéticas – as famosas ondas de rádio. Este fenômeno também ocorre de maneira inversa, possibilitando converter ondas eletromagnéticas em sinais elétricos.

Na escola, se o aluno vai todos os dias na aula ele tem uma frequência alta. Mas se ele for apenas em um dia da semana, o intervalo de tempo é maior e sua frequência será menor. Esta analogia explica muito bem as ondas de rádio, pois a frequência de uma emissora de rádio é definida pela quantidade de oscilações de energia por intervalo tempo em que elas ocorrem. Por exemplo, a rádio Inconfidência operando em 6.010 kHz excita a antena do rádio receptor 6.010.000 vezes em um segundo. Quanto maior a frequência, menor será o comprimento de onda. Por esse motivo classificamos as ondas de rádio de acordo com o seu tamanho.

O mundo das antenas e a possibilidade de comunicação em longas distâncias era fascinante. Logo procurei um rádio em ondas curtas para começar as minhas próprias experimentações. Contudo, a minha bolsa de estudos não permitia investimentos ousados, ao contrário, mal possibilitava me manter nos estudos. Juntei minhas moedas e fui nas oficinas de eletrônica no meu bairro, algo muito comum naquela época. Encontrei um rádio valvulado Semp – Voz de Ouro e comprei a iguaria.

Depois de uma boa limpeza e alguns choques na carcaça, consegui colocar o aparelho para funcionar. A chave seletora de banda era como um portal para o desconhecido. Minha referência eram as colunas de radioescutas nas revistas da biblioteca. Também iniciei a fabricação das minhas próprias antenas: "- Agora, eu também sou um Antenista!"

Meus colegas e vizinhos começaram a me chamar de Professor Pardal. Outros pensaram que eu havia enlouquecido de vez ou que estivesse usando algum tipo de erva ilegal. Não me importava, pois eu estava muito ocupado tentando encontrar uma antena que me permitisse escutar uma emissora de rádio muito distante.

As capas das revistas Antenna Eletrônica Popular sempre traziam garotas exibindo os projetos em destaque. Algumas dessas garotas eram as filhas do editor, Gilberto Affonso Penna. Em 2010 eu conheci uma delas pessoalmente durante uma visita à sede da editora no Rio de Janeiro.

Meu vizinho Antenista? Ele mudou-se! Isso mesmo! Logo quando eu havia encontrado sentido para sua parafernália. Fiquei decepcionado por um tempo, por não compartilhar com outro Antenista e radioescuta meus feitos e experimentações. Digo por um tempo, porque alguns anos depois ele se tornou meu chefe e logo que se aposentou assumi suas atividades no laboratório em que ele era responsável.

Mais um detalhe, nos anos 2000 conheci a Prof. Beatriz Alvarenga no Observatório Astronômico da UFMG, na Serra da Piedade em Caeté/MG.

Publicado em 6 de julho de 2020

ALEMÃO, POR QUE NÃO?

Início dos anos 2000, a internet estava começando a se popularizar e alcançar as periferias das grandes cidades. A conexão era realizada utilizando um modem com linha discada que possibilitava comunicação de até 56 kbps. Durante os primeiros segundos de acesso era possível ouvir os ruídos de *bits* e *bytes* sincronizando nos computadores de mesa.

Em Belo Horizonte, na região da Pampulha, quarta-feira a tarde, a conexão de internet não era muito boa e, por isso, entre um e outro *download* havia tempo para realizar outras atividades. Eu era um dos concessionários técnicos da Xerox do Brasil em Minas Gerais, sendo responsável pela manutenção de um parque de máquinas que alcançava a região Norte de Belo Horizonte, Ribeirão das Neves, Santa Luzia e outras cidades da região metropolitana. Era pela rede mundial de computadores que recebíamos os controles de atendimento e consumo de peças.

Naquela época, Marina já havia completado dois anos de idade e não ficava parada por um segundo. Eu procurava atividades para deixá-la distante do computador e evitar alguma interrupção no *download* provocada por suas mãozinhas curiosas. A *Polly Pocket* era a principal distração, deixando-a brincar com as pequenas bonecas por horas.

Enquanto admirava seu desenvolvimento e diversão, e esperava os downloads, eu tinha algum tempo livre para escutar as rádios em ondas curtas. A rádio DW Brasil era uma das emissoras preferidas e possibilitava receber notícias de qualidade direto da

Alemanha. Por algum tempo tentei aprender alemão utilizando uma coleção de livros didáticos do curso *Deutsch – warum nicht?.*

O tempo passou e eu não aprendi o alemão. Contudo, enquanto fazia o mestrado em geografia, doei os livros para biblioteca da Faculdade de Letras da UFMG - Universidade Federal de Minas Gerais e o material está disponível no acervo até hoje. Pouco tempo depois o curso do rádio foi para internet. Então restou o conhecimento e o conteúdo cultural adquirido da DW Brasil bem como o cartão QSL recebido confirmando aquela tarde de quarta-feira dos anos 2000.

Publicado em 23 de maio de 2020

OUVINDO ONDAS CURTAS NA AMAZÔNIA

RIO PRETO / RONDÔNIA – 2019

DOMINGO

É dia de descanso
Nem precisava tanto
É dia de descanso
Programa Sílvio Santos

E antes que eu confunda o domingo
Antes que eu confunda o domingo
O domingo com a segunda

Domingo eu quero ver o domingo passar

(Titãs, 1995)

Domingo, 21 de julho de 2002, oito horas e dez minutos no horário de Brasília, com televisores de todo o país divididos entre Programa Sílvio Santos e Programa Fantástico. É dia de descanso e a grande massa da população acompanha as principais opções de entretenimento brasileiro. Depois de assistirem inúmeros vídeos com pegadinhas, lutas eróticas na banheira e futebol, o domingo legal termina com duas alternativas sugestivas: assistir o sorteio do homem do baú ou notícias da rainha da Inglaterra.

Contudo, quem possui um rádio receptor de ondas curtas tem outra opção: ouvir emissoras internacionais enquanto faz uma boa leitura. Naquele domingo essa foi a minha opção. Enquanto eu me divertia com a leitura do Escaravelho do Diabo, ouvia uma emissora de rádio enigmática e curiosa: a rádio Santec.

A rádio Santec era uma emissora em ondas curtas que tinha por objetivo difundir a cultura dos Cristãos Originais na Vida Universal. Esse grupo, com sede na Alemanha, acredita na vida espiritual sem dogmas católicos, ortodoxos ou protestantes. Eles pregam a vida com meditação, veganismo e vegetarianismo. Durante os programas de rádio em português para o Brasil, narrados com locução peculiar e eco suave ao fundo, o grupo defendia seus princípios morais e religiosos sem autoridades eclesiásticas, pregando o controle emocional e racional da vida equilibrada.

Nos anos 2000, domingo a noite, em um horário em que boa parte da população acompanhava programas televisivos com teor cultural duvidoso, a rádio Santec era uma excelente alternativa para pessoas de bom gosto e curiosas em desvendar os segredos de um mundo místico.

Publicado em 26 de maio de 2020

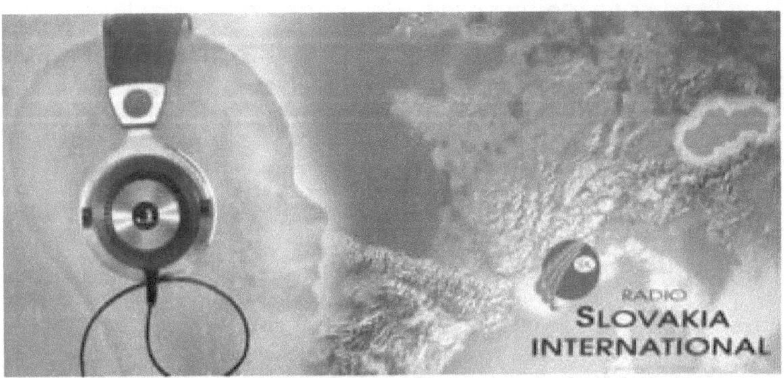

BOLETIM DA RÁDIO ESLOVÁQUIA INTERNACIONAL

A COLHEITA PELO RÁDIO

O festival judaico da colheita (*Shavuot*) comemora a entrega dos Dez Mandamentos no Monte Sinai cinquenta dias depois do Êxodo. Neste evento os cristãos celebram o Pentecostes, que tem por objetivo relembrar a descida do Espírito Santo sobre os apóstolos e os seguidores de Cristo. No cristianismo esta data também representa o surgimento da igreja (Êxodo 34:22). Pentecostes também está associado ao Cenáculo, onde os apóstolos estavam reunidos para receberem o Espírito Santo.

A celebração simbólica da religião cristã também está presente no mundo do rádio de ondas curtas, o qual possui uma emissora internacional chamada *World Harvest Radio* (WHRA) ou Rede de Rádio Colheita Mundial (tradução livre). A emissora envia as mensagens cristãs para lares de famílias de todo o mundo e, assim como descrito na Bíblia Cristã, o Espírito Santo é revelado para os ouvintes. Tal como ocorreu com os apóstolos no Cenáculo, simbolicamente, a programação da emissora alimenta os cristãos com os conteúdos de fé e revelação.

A colheita mundial pelo rádio da WHRA é diária e ocorre desde 1985. Todos os domingos os cristãos acompanham os cultos e as celebrações pelas ondas curtas em diferentes idiomas. Na madrugada de sábado para domingo, em 30 de abril do ano 2000, ouvíamos a emissora por meio de um pequeno rádio transistorizado (estado sólido) Philco Ford na frequência de 11.565 kHz. A transmissão do culto em português às 02:30 (05:30 UTC) alcançava as famílias do continente africano domingo pela manhã.

Era o início dos anos 2000 e a internet começava a se popularizar. As transmissões de rádio em ondas curtas eram o meio de comunicação mais rápido e eficiente para cobertura da África. Ainda hoje é possível ouvir os cultos da WHRA e acompanhar a colheita pelo rádio.

Publicado em 4 de junho de 2020

MITOLOGIA PELO RÁDIO

A mitologia grega sempre encantou as pessoas pelo mundo e, nos anos 90, era possível conhecer seus mitos, deuses e heróis pela programação em português da Rádio Voz da Grécia (*ERT Hellenic Radio Television*). A emissora estatal do governo grego dedicava, diariamente, alguns minutos de seus programas para apresentar um pouco da sua história e de seu povo. Nos finais de semana, durante os intervalos do noticiário, os ouvintes conheciam as aventuras de Jasão em busca do "velo de ouro", bem como de Aquiles, Perseu e sua viagem.

A mitologia grega é uma importante referência na história da humanidade e traz consigo um conjunto mítico de relatos de uma sociedade politeísta, isto é, de um período em que as pessoas acreditavam em vários deuses. Os deuses gregos reproduziam os sentimentos humanos, bem como tinham forte relação com os fenômenos da natureza. Apolo, o mais venerado, era uma divindade associada ao sol e tinha forte domínio sobre as artes, poesia e música. De acordo com a mitologia grega, Apolo era filho de um adultério de Zeus com Leto, a deusa do anoitecer.

No ponto mais alto da Grécia, o Monte Olimpo, haveria um portal com acesso à morada de Zeus, pai dos deuses gregos. A Rádio Voz da Grécia contribuiu, por muitos anos, por manter viva a tradição e a cultura grega por meio da sua programação em ondas curtas. A crise econômica de 2013 resultou em cortes na programação da emissora, que não transmite mais em português para Brasil. Contudo, ainda é possível ouvir a emissora em inglês e espanhol, bem como em outros idiomas, nas ondas curtas na frequência de 9.420 kHz.

Publicado em 19 de junho de 2020

BRINDE ARTESANAL

RÁDIO INTERNACIONAL DA CHINA

OLIMPÍADAS PELO RÁDIO

Entre os dias 11 e 29 de agosto de 2004 ocorreu a 28ª edição dos Jogos Olímpicos, em Atenas, capital da Grécia. Não era a primeira vez que a cidade se tornava sede do evento e, depois de 108 anos após a primeira edição, a cidade voltou a receber o evento esportivo mais importante do mundo.

Na ocasião 10.625 atletas de 201 nações participaram de 301 jogos em 28 modalidades esportivas. Cerca 3,9 bilhões de pessoas acompanharam os jogos pelo rádio e televisão. Foi um recorde histórico para o evento.

Diferente da televisão, o rádio possibilitou a cobertura do evento em modalidades pouco prestigiadas pelo público tradicional, que concentra atenção nos esportes coletivos. Os brasileiros apreciam o futebol, voleibol e basquete, modalidades que tradicionalmente formam ídolos do esporte nacional. Contudo, em 2004, a vela foi a grande atração do evento para os brasileiros, com as medalhas de ouro de Robert Scheidt (Classe Laser Masculino) e Marcelo Ferreira, Torben Grael (Classe Star Masculino). Naquele ano também conquistaram a medalha de ouro hipismo, voleibol masculino e voleibol de praia.

A cobertura pelo rádio foi muito importante, pois muitos brasileiros acompanharam os jogos durante atividades que não permitiam o acesso à televisão, tais como em viagem, profissionais de saúde ou do transporte, entre outras, que apenas o rádio alcança.

Nas ondas curtas não foi diferente e, durante os jogos olímpicos de Atenas, inúmeras emissoras internacionais destacaram as conquistas dos atletas brasileiros no evento. A Rádio Taipe Internacional (RTI), que transmitia em espanhol para América do Sul em ondas curtas, não deixou por menos e presenteou alguns ouvintes com uma medalha de ouro comemorativa.

A RTI é uma emissora que está sediada em Taiwan, uma pequena ilha no oceano Pacífico, bem próxima a China. Também conhecida como região de Ilhas Formosa, ela é palco de uma disputa internacional com China pela sua independência. Ainda nos anos 2000, a Rádio Taipe Internacional mudou seu nome para Rádio Taiwan Internacional e continuou transmitindo em ondas curtas até os dias atuais. A programação em espanhol continua disponível nas plataformas digitais.

A medalha de ouro comemorativa dos jogos olímpicos de Atenas em 2004 foi apenas uma das inúmeras lembranças e histórias produzidas pela Radio Taipé Internacional, que conquistou inúmeros ouvintes pelo mundo.

Publicado em 26 de junho de 2020

UM RADIOESCUTA NA AMAZÔNIA

A Amazônia é a maior floresta tropical do mundo e onde vivem milhares de espécies da fauna e flora de nosso planeta. A floresta ocupa cerca da metade do território brasileiro e está na fronteira com a Bolívia, Colômbia, Equador, Guiana Francesa, Peru, Suriname e Venezuela. No final do século XV este nome foi utilizado pelos espanhóis e portugueses para batizar a floresta que estava sendo ocupada em busca de ouro. Este nome não foi escolhido por acaso, pois na floresta existiam centenas de povos indígenas que lutavam contra a invasão de seu território. Amazonas é o nome mitológico das guerreiras protetoras do Eldorado, isto é, a cidade feita de ouro e detentora da fonte da juventude. Essa lenda fomentou a busca pelo metal precioso e dizimou inúmeras comunidades tradicionais na floresta.

Nos dias atuais, os Yanomamis formam a maior comunidade territorial indígena do Brasil. Eles vivem em uma área de 96,6 mil km² na floresta, bem próximo à Venezuela. A terra e a floresta onde vivem é chamada por eles de Urihi. Terra-floresta é o território com todos os seres vivos na floresta e estão conectados no mundo material e espiritual do Urihi. Por isso, preservar a floresta é proteger o próprio povo Yanomami.

Preservar a Amazônia, ou o Urihi para os indígenas Yanomamis, é um dever de todos. Desde 2013 estou na Amazônia e vejo diariamente os desafios enfrentados para proteger a floresta. Os indicadores de desmatamento são alarmantes, quadrilhas de grilagem de terra e garimpo avançam com violência sobre as comunidades indígenas. Na extensão de fronteira também atuam traficantes de drogas, armas e pessoas.

A informação pode ser a maior aliada para preservação da floresta e combate às ações ilegais. Em Rondônia, próximo à Bolívia e Peru, onde resido a trabalho, existem comunidades isoladas na floresta. Nessas áreas o único acesso é feito por barco, em um deslocamento que pode durar vários dias. A internet via satélite tem custo mensal muito elevado para essas pessoas, cerca de US$ 100 mensais, restringindo a instalação. Logo, o rádio é a melhor alternativa para levar o conhecimento nos pontos mais isolados. O rádio pode integrar os povos amazônicos e fortalecer a identidade nacional do país.

Ao chegar na Amazônia trouxe em minha bagagem um pequeno rádio de ondas curtas. Havia muitas expectativas como professor e radioescuta. Distante dos grandes centros urbanos existe grande carência na educação, e nas comunicações via rádio, nenhuma fonte de interferência indesejável.

Conhecer a terra-floresta Urihi é algo fantástico, principalmente se você estiver com um rádio em ondas curtas em mãos. Visitei igarapés e afluentes do grande rio Madeira. O ruído captado pela antena do rádio receptor é mínimo. O maior desafio do radioescuta é acompanhar a programação do rádio e apreciar a paisagem natural simultaneamente. Já ouvi rádio em companhia de aranhas exóticas, araras barulhentas, iguanas curiosas e cobras amigáveis. Os macacos são uma atração a parte, pois aprontam uma algazarra na copa das árvores.

Enquanto caminho com meu radinho em mãos vou conversando

com as pessoas que encontro pelo caminho, seja nas trilhas ou nos igarapés. Aproveito esse momento como professor para aprender com os povos tradicionais. Os ensinamentos dos ribeirinhos e a sabedoria dos povos indígenas são conhecimentos valiosos. Conversamos sobre a necessidade de preservar a floresta e como isso é importante para nosso futuro.

Em ondas curtas ouço, com grande dificuldade, algumas emissoras bolivianas e peruanas. A recepção não é muito boa, pois são notórias as limitações técnicas para manter os transmissores no ar. O áudio dos locutores distorce constantemente, as rádios saem de sintonia e ocorrem variações constantes nos níveis de sinal recebido. Essas variações não se confundem com o desvanecimento natural das comunicações em ondas curtas, ou seja, oscilações da energia captada pela antena por causa das variações na propagação do sinal de rádio na atmosfera.

Na fronteira com o Peru e Bolívia, em Rondônia, apenas a Rádio Nacional da Amazônia alcança as comunidades mais distantes com excelente qualidade de sinal. As antenas das emissoras estadunidenses e europeias que transmitem em ondas curtas estão direcionadas para os grandes centros urbanos na América do Sul e por isso não alcançam toda a Amazônia com eficiência.

A Rádio Nacional da Amazônia pertence ao grupo da Empresa Brasil de Comunicação (EBC) e é a maior fonte de informação na região isolada do país. É por meio da emissora pública que as comunidades ficam informadas sobre as campanhas de vacinação, exames nacionais de ensino, eleições, ações de governo ao combate ao desmatamento e grilagem de terra. A rádio estatal cumpre seu importante papel e por onde passo encontro pessoas que ouvem a emissora diariamente.

Os povos ribeirinhos e indígenas são autênticos radioescutas na Amazônia. O rádio em ondas curtas está presente nos lares mais distantes da terra-floresta Urihi dos Yanomamis, bem como nos lares de muitos brasileiros por todo o país.

Publicado em 13 de julho de 2020

OUVINDO A RÁDIO HAVANA NO RIO MADEIRA

RONDÔNIA — 2019

SINTONIA ANALÓGICA OU DIGITAL?

No início dos anos 1990 adquiri meu primeiro rádio com ondas curtas e foi um equipamento valvulado. Era um receptor ABC Canarinho - Voz de Ouro fabricado em meados de 1970. Ele foi resgatado em uma oficina de manutenção eletrônica que existia no meu bairro em Belo Horizonte.

Eu estava muito empolgado com os guias de radioescutas e radioamadores que enriqueciam o conteúdo das revistas Antenna Eletrônica Popular e Eletrônica Total. Por isso, enfrentei todos os desafios e fui atrás do rádio com ondas curtas. Naquela época paguei uma pechincha pelo rádio, pois ainda era possível encontrá-los com facilidade nas lojas de manutenção. Esses rádios apresentavam maus contatos frequentes e os clientes desistiam da manutenção por causa dos novos equipamentos disponíveis no mercado.

Os avanços da tecnologia inviabilizavam economicamente o reparo dos rádios valvulados. Neste período, começaram as vendas de receptores transistorizados com sintonia digital. As emissoras de rádio em Frequência Modulada (FM) estavam em expansão e, a cada dia, surgiam novas emissoras com conteúdo e programação musical diferentes.

Apesar disso, minha intenção era ouvir as emissoras de rádio em ondas curtas e radioamadores de todo o mundo através do meu receptor valvulado. No receptor valvulado a sintonia é feita em um componente eletrônico denominado capacitor variável. Este componente eletrônico é composto de placas metálicas ligadas a um eixo que muda sua posição na medida que o ouvinte gira para buscar uma emissora de rádio. Ele altera suas características elétricas quando as placas giram e isso possibilita a sintonia de frequências diferentes.

Em um rádio analógico, o ouvinte sabe qual é a frequência da emissora desejada e busca no painel do rádio para sintonia. Assim, o fabricante associava um ponteiro no painel do rádio às posições de giro do eixo do capacitor, relacionando-os às respectivas frequências de sintonia. Era um procedimento de medida por analogia grosseiro e, na maioria dos casos, o painel do rádio não correspondia a frequência de sintonia. Esse problema se agravava quando as emissoras de rádio estavam muito próximas e o ouvinte não conseguia diferenciá-las para fazer a seleção adequada.

Para o radioescuta habilidoso com ouvidos treinados e boa sensibilidade nas mãos isso não era um problema. Eu buscava emissoras tradicionais com frequências conhecidas para iniciar as buscas por emissoras com distâncias desconhecidas (DX). Essas emissoras funcionavam como pontos de referência para busca e seletividade de outras emissoras no painel de sintonia do rádio (*dial*). Os guias de radioescutas nas revistas técnicas apresentavam os dias e horários para sintonia e, com um pouco de paciência e propagação atmosférica, era possível ouvir rádios de todos os continentes.

A microeletrônica possibilitou, inicialmente, apenas os *dials* digitais. O ouvinte sintonizava a emissora no capacitor variável e uma tela digital exibia a frequência selecionada. Pouco tempo depois surgiram receptores com controle de sintonia utilizando microchips e diodos *varicap*. Nesses equipamentos a frequência era sintonizada por meio da variação do nível de eletricidade nos diodos *varicap*. Esses componentes eletrônicos alteram suas respostas características de acordo com diferentes níveis de tensão. Os *dials* digitais desses modelos exibiam as frequências medindo as variações da tensão. Os microchips utilizavam a técnica de Elo Travado em Fase (PLL em inglês), isto é, um circuito eletrônico muito pequeno capaz de gerar um sinal de referência interno que é utilizado para sintonia precisa das frequências das emissoras de rádio.

Nos anos 2000 surgem os primeiros receptores com processadores de sinais digitais (DSP – sigla em inglês). Os rádios com DSP possuem microchips que executam programas (*firmware*) para conversão de sinais elétricos analógicos e digitais. A qualidade do receptor de ondas curtas com DSP está associada a capacidade de armazenamento (*buffer*) e velocidade de processamento (*clock*). Esses recursos influenciam diretamente no preço do receptor ao consumidor final.

A década passou e as emissoras de ondas curtas migraram gradualmente para plataformas de internet. Em 2010, muitas emissoras já produziam conteúdos para páginas de internet e disponibilizam a programação on-line. Os programas estavam disponíveis em aplicativos nos telefones móveis para ouvir ao vivo ou no horário mais apropriado (*podcast*).

Nos anos 2020 a briga não é pela sintonia analógica ou digital, mas com os Assistentes por Voz. A *Alexa* da *Amazon.com*, a *Siri* da *Apple* e o *Google Assistente* estão revolucionando o mundo com as casas inteligentes. É possível realizar a ativação de lâmpadas, troca de canais de televisão e sintonia de emissoras de rádio por comandos de voz. O ouvinte não precisa gravar a frequência da emissora, basta pedir pelo nome da rádio e ouvir. O idoso com dificuldade visual não precisa girar o ponteiro do *dial* ou anotar a frequência da sua rádio predileta, basta pedir pelo nome: "— Alexa, toque Rádio Aparecida" e ela vai tocar.

Meu rádio valvulado sobreviveu entre os anos 1990 e 2000. Era muito divertido realizar a busca cega no *dial* analógico para encontrar emissoras de outros países. O giro da sintonia era impreciso e isso exigia muita concentração e paciência. Esse aprendizado foi importante para desenvolvimento de virtudes que hoje estão em extinção. A facilidade da sintonia digital ou dos assistentes por voz não podem ser desprezados, pois a evolução tecnológica também é benéfica para o *hobby* de radioescuta. O rádio com painel digital pode facilitar a busca de uma emissora distante (DX) para um iniciante. Os assistentes por voz estão se popularizando com a internet das coisas e, em breve, estarão embarcados nos rádio receptores facilitando a vida de radioescutas idosos ou deficientes. Não importa se a sintonia é analógica ou digital, ouça rádio, ouça rádios em ondas curtas!

Publicado em 21 de julho de 2020

O ELDORADO DO RADIOESCUTA

O início da minha carreira profissional se confunde com a paixão pelo rádio e as telecomunicações. Não consigo definir uma linha tênue que sirva de divisor de águas para descrever os momentos que vivenciei os primeiros passos do entretenimento, lazer e trabalho nas telecomunicações. Combinar trabalho e lazer são virtudes que os deuses concedem para poucos mortais.

Em 1994 eu já havia inciado o *hobby* de radioescuta e recebia cartões QSL de diferentes continentes. Era muito divertido receber a correspondência de emissoras de rádio ondas curtas de lugares exóticos ou fora do eixo do mundo ocidental. Esse material sempre estava acompanhado de fotografias, jornais e outros souvenires que descreviam a cultura regional. As cartas da Rádio Havana Cuba traziam exemplares do Jornal Granma Internacional ou selos enviados pelo programa Mundo da Filatelia. A Rádio Voz da Rússia não deixava por menos e também enviava farto material de leitura para seus ouvintes. A Rádio da República do Irã presenteava os radioescutas com estudos sobre o islamismo e cartões fotográficos magníficos.

Próximo às bandas de comunicação das emissoras internacionais em ondas curtas estavam as faixas destinadas aos radioamadores. No meu rádio valvulado eu acompanhava as conversas nas bandas de 80 e 40 metros. A curiosidade técnica e o interesse em aprender outro idioma estimulavam a busca pelos radioamadores. O espírito de pesquisa e experimentação alimentaram meu desejo profissional e contribuíram para induzir a formação acadêmica.

Por isso, adquiri um pequeno rádio transceptor (transmissor e receptor) na faixa do cidadão (PX). O equipamento era bem simples e funcionava apenas em Amplitude Modulada (AM). Este transceptor me rendeu muitos problemas e brigas com os vizinhos, pois meu horário de lazer coincidia com o programa de TV Sílvio Santos. Na região da Pampulha, onde eu morava em Belo Horizonte, o relevo é muito irregular e o sinal de TV chegava fraco e com muitas reflexões. O canal 5, onde estava alocada a TV Alterosa (afiliada SBT), era recebido com pouca qualidade e, com as emissões do rádio PX, todos ouviam a minha voz saindo em seus aparelhos de TV (interferência na TV ou TVI em inglês). Eu precisava de um filtro mágico para evitar esses transtornos e, para evitar confusões, dedicava algumas horas ouvindo rádio em ondas curtas.

Naquela época concluí minha primeira formação técnica e os transtornos com os vizinhos me fizeram refletir e rejeitar uma oportunidade na equipe fiscalização do antigo Departamento Nacional de Telecomunicações (Dentel). Eu não estava muito confortável em trabalhar intermediando conflitos entre radioamadores, operadores de PX e seus vizinhos. Na maioria dos casos o problema está na antena de TV improvisada do reclamante. Além disso, eu estava fascinado com o mundo da tecnologia e informática.

A empresa de tecnologia onde eu trabalhava foi contratada pelo Banco do Estado de Minas Gerais (BEMGE) para suporte técnico de suas agências. A informática estava iniciando no Brasil e os profissionais eram escassos. Em uma sexta-feira de 1994 recebi uma demanda inusitada para suporte técnico. O contrato recémassinado para suporte das impressoras de grande porte contemplava um equipamento na agência do Largo do São Bento em São Paulo. A impressora era responsável pela emissão de talões de cheque e balanços contábeis da agência. Para suporte técnico ao equipamento desloquei-me na segunda-feira para agência, pois não havia tempo hábil para encontrar um representante local.

O suporte técnico realizei em pouco tempo e aproveitei a oportunidade para conhecer o bairro de Santa Ifigênia, o Eldorado da eletrônica no Brasil. Caminhando pelas ruas do centro histórico da cidade de São Paulo passei por lojas especializadas em eletrônicos, antenas, equipamentos de radioamador, faixa do cidadão e muitos rádios de ondas curtas. Havia também muitas oficinas de manutenção de televisores, com peças e carcaças sobre as calçadas.

Nesta caminhada busquei por válvulas e transistores para montagens de circuitos receptores e transmissores de rádio. Lembro das cobiçadas válvulas 6L6 e EL84. Aproveitei também para pesquisar cristais utilizados em circuitos osciladores para bandas de 80 e 40 metros. As antenas e os receptores de rádios ondas curtas também estavam presentes em muitas lojas. Equipamentos novos e usados, sofisticados ou de baixo custo, havia produtos para todos os bolsos. Contudo, não encontrei meu elixir das comunicações: o filtro anti-TVI. Este utópico "velo de ouro" para radioamadores e operadores da faixa do cidadão ainda está escondido em algum Eldorado.

O passeio pelo centro histórico de São Paulo terminou na região da rua 25 de março e Mercado Municipal. Na Galeria Pagé encontrei diversos modelos de receptores de ondas curtas da marca Sony. A origem dos equipamentos eram os Estados Unidos ou Paraguai, isso dependia muito da aparência do comprador. Ao final da caminhada havia duas opções para degustação: sanduíche de churrasco grego ou pão com mortadela.

O Eldorado de radioescutas, radioamadores e operadores da faixa do cidadão no Brasil mudou muito nos últimos anos. A tecnologia tornou os equipamentos obsoletos ou descartáveis. A informática foi se popularizando e a rede mundial de computadores disponibilizando novas formas de varejo. O mercado de componentes eletrônicos foi atropelado pelas vendas on-line. As lojas que sobreviveram na Santa Ifigênia estão se adaptando aos novos tempos e, em alguns casos, também realizam vendas on-line.

As mudanças são naturais e dinâmicas em nossa sociedade, entretanto, o sanduíche com churrasco grego e o pão com mortadela do Mercado Municipal de São Paulo continuam sempre presentes. Eles são elementos tradicionais da cultura do paulistano, assim como o rádio e os radioescutas em todo o Brasil.

Publicado em 26 de julho de 2020

UM RADIOESCUTA NA PRAIA

Arraial do Cabo é uma cidade do estado do Rio de Janeiro que possui praias paradisíacas e que atraem turistas de todo o mundo. Ela já foi meu destino de férias por diversas temporadas e nunca me canso de visitá-la mais uma vez. No *Reveillon* 2020 eu estive na cidade para mais um passeio de férias e vivenciei grandes momentos como um turista radioescuta.

É difícil elencar todas as minhas atividades como ouvinte de rádio ondas curtas na praia, pois as emoções se dividem entre o visual magnífico da paisagem e o ambiente livre de interferências para apreciar o *hobby* de radioescuta. Pela manhã, durante alguns dias, eu seguia a trilha até a Praia do Forno, em uma área de preservação ambiental. A caminhada de cerca de 1,5 km possibilita a visão privilegiada da região, com paradas estratégicas pela trilha para descanso e algumas escutas. É possível apreciar o trânsito de barcos na Praia dos Anjos, onde inicia o percurso, bem como a enseada que compõe a Praia do Forno. Enquanto eu ouvia a disputa por audiência da Rádio Habana Cuba e a Rádio Martí no *dial* do meu rádio, eu também acompanhava outra luta no mar, com as tartarugas em busca de alimento.

As tartarugas estão em todas as praias e fazem parte da rotina de Arraial do Cabo. Na Prainha, lugar de água morna e praia rasa, elas são a atração de adultos e crianças. Durante algumas escutas eu ficava deitado na espreguiçadeira observando as tartarugas se aproximarem bem perto da areia e iludir os humanos com seu balé natural. No fim de tarde, assim como as escutas em ondas curtas, as tartarugas assumem o controle da praia. No rádio, eu ouvia emissoras de diferentes países, sem dificuldade, pois a propagação atmosférica não resistia às belezas naturais de Arraial do Cabo. Contudo, as tartarugas insistiam em me distrair, cruzando mar a todo instante, em um convite explícito para mergulho. De coração partido deixei o rádio ondas curtas sobre a mesa e peguei meu pé de pato e *snorkel* para um mergulho inesquecível. Em um capricho da natureza, recebi permissão de Netuno para presenciar três tartarugas caçando um peixe na Prainha. Não bastasse a perseguição implacável que assisti, também testemunhei uma briga selvagem pelo alimento. O *round* final desta luta ocorreu quando outra tartaruga enorme surgiu e reivindicou o domínio territorial.

O peixe suculento não é atrativo apenas para tartarugas, pois é impossível visitar a cidade e deixar de comer as famosas anchovas assadas. É um prato típico que acompanha muito bem o *hobby* de radioescuta. Em um dia de praia, enquanto eu vigiava meu peixe assando na churrasqueira, eu também degustava um bom vinho ao som de músicas árabes nas ondas curtas.

O peixe não é a única iguaria singular de Arraial do Cabo. As lulas frescas também enriquecem o cardápio regional. Alguns anos atrás estive na cidade e acompanhei a pesca das lulas com lanternas. Naquela ocasião eu estava hospedado no Pontal do Atalaia e testemunhei esse espetáculo na Praia Grande. Depois do pôr do sol, inúmeros pescadores buscam o molúsculo com lanternas em pequenas jangadas. É um momento para ouvir rádio em ondas curtas e apreciar o anoitecer na praia em boa companhia.

A luz da Lua não ofusca os movimentos dos pescadores, que tem as luzes das lanternas refletidas na água do mar.

As prainhas do Pontal do Atalaia não deixam por menos e, na ilha do Farol, é possível sentir na pele a solidão de um náufrago. O acesso à ilha do Farol deve ser feito de barco e ouvir o rádio de ondas curtas pelo caminho é um espetáculo à parte. Nos anos 2000, um rádio receptor de ondas curtas nas mãos de um náufrago seria algo clichê. Deve ser por isso que o filme estrelado por Tom Hanks adotou a bola de vólei Wilson para acompanhar o personagem na ilha isolada.

Em 2020 levar um rádio de ondas curtas para uma praia ou ilha paradisíaca é algo bastante incomum. Por isso, esteja preparado para responder perguntas todo tipo sobre seu rádio. Eu sempre aproveito o clima de descontração e bom humor das férias e embarco nas piadas que surgem a beira mar. A antena do meu rádio já foi confundida com vara de pescar e, por inúmeras vezes, me perguntaram os resultados de jogos que sequer sabia que estavam acontecendo. Fones de ouvidos também são indispensáveis na praia, pois as músicas regionais, vendedores ambulantes e crianças eufóricas produzem ruídos ensurdecedores. Pilhas extras e recarregadas não podem ficar esquecidas nas malas. A maresia e movimentos das marés também surpreendem, por isso, deixe seu rádio com uma capa protetora para evitar prejuízos.

O pior momento das escutas na praia é quando termina a viagem. Eu sempre fico de coração partido quando deixo Arraial do Cabo. As lembranças dos mergulhos com as tartarugas e escutas nas paisagens magníficas do litoral brasileiro são memoráveis, indescritíveis. Ouvir as ondas curtas na praia é algo sensacional e todo radioescuta deve pedir a licença para Netuno, rei dos mares, para realizar esse sonho ao menos uma vez em sua vida.

Publicado em 01 de agosto de 2020

OUVINDO ONDAS CURTAS NA PRAINHA

ARRAIAL DO CABO/RIO DE JANEIRO — 2018

ENTREVISTA À RÁDIO INTERNACIONAL DA CHINA

Programa Encontro com a CRI, Rádio Internacional da China (CRI):

Apresentadora Sílvia:

— Olá amigos, muito bem-vindos ao encontro com da sexta feira, eu sou a Sílvia! No programa de hoje teremos primeiro uma conversa telefônica com o nosso ouvinte de 20 anos. Cristiano Torres do Amaral que mora em Minas Gerais. Ele vai compartilhar conosco, neste espaço, suas experiências com a CRI-POR (Rádio Internacional da China em Português). Depois, uma entrevista com a artista portuguesa Ana Carlota, que realizou uma exibição de fotos em Beijing. Primeiro, vamos conhecer a história do Cristiano Torres Amaral.

Ouvinte Cristiano:

—Meu nome é Cristiano Torres do Amaral. Eu moro em Belo Horizonte, a capital do estado de Minas Gerais eu sou policial militar e professor na Academia de Polícia, e alguns cursos técnicos fora da polícia também. Eu sou ouvinte da emissora desde a época dos anos 90. Na verdade, meu interesse com a cultura oriental teve início com meu pai, porque ele praticava artes marciais e ele era fã do Bruce Lee. Quando criança, eu acompanhava essas atividades de lutas marciais dele, e acabou que eu comecei a gostar muito da cultura oriental. E quando eu entrei para escola técnica em 1991, eu tinha

que montar algum equipamento eletrônico e eu necessitava desmanchar outros e, entre eles, alguns rádios de ondas curtas. E numa dessas ocasiões, eu tive que fazer um teste com equipamento de rádio e eu ouvi a Rádio Internacional da China e foi aí que começou todo o interesse em acompanhar as transmissões da emissora. Eu acompanho a emissora não do ponto de vista técnico, eu acompanho ela por interesse cultural e a cada dia a gente se surpreende com o que a gente tem observado. Eu tenho acompanhado esse período a evolução para dentro do site de internet tanto que evoluiu é um dos melhores das emissoras de ondas curtas, tem muito conteúdo."

Apresentadora Sílvia:

— E seu pai também escuta a nossa rádio?

Ouvinte Cristiano:

— Infelizmente não tem como acompanhar, porque ele já está um pouco idoso, e não consegue acompanhar. Mas a minha filha acompanha. Ela tem onze anos e em algumas ocasiões eu toco alguns CDs de música oriental que eu recebi da emissora e ela gosta muito.

Eu que eu sou a pessoa que tem um certo privilégio para ouvir sua porque estou envolvido com um departamento de engenharia do meu trabalho e olha que em alguns equipamentos aqui que são equipamentos profissionais e não é sempre isso acontecer eu também estou fazendo uma pesquisa no âmbito acadêmico e estou fazendo um mestrado em Geografia deslocado pelo interior do

Estado no interior do Brasil. Pesquisa e nessas ocasiões eu tenho acompanhado a emissora através de equipamentos simples de escuta. É uma emissora bem democrática, porque ela permite que diversos seguimentos da sociedade possa acompanhar o conteúdo acompanhar a cultura oriental a cultura chinesa.

Eu faço uma analogia ao que existe hoje no Estado. Nós temos hoje um território em Minas Gerais 500 mil quilômetros quadrados e uma população de 20 milhões de habitantes e no interior do estado, 99% das residências tem equipamentos de rádio e desses equipamentos muitos deles têm a possibilidade de ouvir as ondas curtas. Então, você imagina aí o público que está acompanhando essa emissora. Eu vejo também na Amazônia, eu estive na Amazônia no final do ano passado, eu estive em muitas residenciais lá e pude conversar com algumas pessoas, durante a pesquisa que eu estava desenvolvendo, e elas acompanham entre outras emissoras de ondas de curtas, a Rádio Internacional da China, tal como eu.

Eu, como professor na Academia polícia em outros cursos em média. Eu tenho cerca de anual mil alunos pela minha sala de aula. Sim nessas ocasiões em algum momento das discussões técnicas a gente utiliza como exemplo a emissora. Nessas ocasiões também temos a acaba conhecendo e se interessando e eu acho isso muito importante porque é uma forma da gente divulgar o trabalho de vocês. O programa que eu acho mais interessante é o correio dos ouvintes, eu até acompanho pela revista Fanzine também. Porque eu acredito que o momento é de solidariedade, de encontro das pessoas que se identificarem com a emissora e relatar as suas experiências. Eu não só conto como eu também trago as revistas Fanzines, eu trago elas para o trabalho, nas escolas onde eu leciono, e as pessoas ficam fascinadas pelos outros que vêm sempre ao final das revistas. Eu cito aqui, por exemplo o conto de Xang, que voa para a lua e eu fico fascinado. Não me recordo o nome de outro que fala de uma grande enchente e que traz pra gente aqui algumas analogias algumas coisas que aconteceram na cultura oriental aqui tem muita semelhança com a nossa cultura também.

Eu acredito que é um dos maiores e mais importantes veículos de comunicação do Oriente. O papel de vocês é fundamental para poder divulgar a cultura oriental para poder fazer o elo de ligação entre o Oriente e o Ocidente. O faço um exemplo com uma emissora que está aqui em Minas Gerais que nós trabalhamos na reformulação desde 2006, que é a Rádio Inconfidência, o dia que ela parou de transmitir ondas curtas foi o caos. Porque ela fazia a ligação da capital mineira com o interior do estado. E eu acredito que o papel de vocês é infinitamente maior, porque é o elo de ligação entre o Ocidente e o oriente. É Beijing para o mundo mesmo.

Eu credito que a mais importante e o mais importante veículo de comunicação atualmente em funcionamento. Eu acredito que é uma agência de notícias, tem muito mais que um site de conteúdo lá. é muito importante. Eu uso como referência nas minhas disciplinas, eu oriento meus alunos a pesquisarem e usarem as referências da Rádio Internacional da China. Um dia eu pretendo realizar esse sonho, conhecer a Praça da Paz, caminhar pela muralha e apreciar toda a cultura de vocês. Quando falo cultura é gastronomia, música, tudo isso. Esse conjunto. Um dia vou realizar. E eu estando aí, pode ter certeza, vou conhecer a emissora e visitar todos vocês.

Entrevista concedida em 2010

OUVINDO ONDAS CURTAS NO IGARAPÉ

RONDÔNIA — 2018

APRENDI TELEGRAFIA EM 24 DIAS

Desde jovem ouço os sinais telegráficos no rádio de ondas curtas e fico ansioso para tentar interpretar as mensagens dos radioamadores transmitidas em Código Morse. Durante a noite e, principalmente, nos finais de semana, os *"dá-di-dá-dí"* e *"dá-dá-di-dá"* ocupam o espectro eletromagnético.

A telegrafia é um importante meio de comunicação, mesmo na era das plataformas digitais e comunicações via satélite. O Código Morse, associado ao Código "Q", possibilita a troca de informações sem a necessidade de entendimento do idioma falado entre as estações de rádio. Ainda hoje, a combinação das duas linguagens permite a localização de embarcações marítimas à deriva ou expedições de viajantes em áreas isoladas.

O Código Morse converte o alfabeto, os números e a pontuação em símbolos representados por pontos e traços. A codificação é aplicada para transmitir um sinal de emergência "SOS" ou as coordenadas geográficas para uma equipe de busca e salvamento. A mesma sinalização pode ser implementada com holofotes, para comunicação visual de embarcações e aeronaves.

Iniciei os estudos para aprendizado da telegrafia por diversas vezes e, sem sucesso, desisti da empreitada sem desenvolver as habilidades necessárias para tradução das mensagens. Apesar disso, aos 45 anos de idade e, em plena pandemia de Covid-19, resolvi arriscar mais uma vez.

Em tempos de Teletrabalho, *Home Office*, *Lockdown*, isolamento social e outras medidas que restringem as atividades no Brasil e no mundo, a Agência Nacional de Telecomunicações (Anatel) anunciou a realização das avaliações de telegrafia utilizando os recursos de ensino a distância. As provas são agendadas na página da instituição e, de acordo com a disponibilidade de vagas, o candidato escolhe o melhor dia e horário para aplicação.

A possibilidade de realização das avaliações *online* chamou a minha atenção, uma vez que no passado, as provas eram aplicadas com o apoio das ligas de radioamadores nos estados. Essa relação não me deixava muito confortável para realizar as provas presenciais e, com a mudança, fiquei bastante motivado para participar.

Consultei a agenda e percebi que não existiam vagas disponíveis. Não desisti e, no dia 26 de janeiro, enviei um e-mail para os organizadores consultando sobre o cronograma de aplicação. Recebi a resposta no dia seguinte, esclarecendo que, se houvesse desistência, meu nome constaria na fila de espera. Era o "*kick off*" para realização deste sonho.

A aula introdutória ao Código Morse foi o vídeo "*Learn Morse Code: Classic US Army Trainig*", produzido pelo Exército dos Estados Unidos em 1966. Esta videoaula é emblemática e traduz o principal desafio da alfabetização: o aprendizado musical. O radioescuta ou radioamador que deseja aprender o Código Morse deve ter consciência de que o treinamento é musical. Isto é, aprender a codificar letras e números no manipulador telegráfico é como ir em uma aula de piano ou violão. As partituras são os textos e o instrumento é o manipulador telegráfico.

A aula exige disciplina, treinamento repetitivo e, principalmente, atenção auditiva. Aprender a ouvir estimula uma área do cérebro específica para esse tipo de habilidade. É a mesma área que concentra o aprendizado de idiomas.

Depois de ter consciência do desafio que enfrentaria, iniciei os estudos para memorizar o alfabeto. Instalei o aplicativo *"Morse Code"* no telefone celular e comecei a praticar no manipulador telegráfico virtual. As vogais, isto é, as letras "A-E-I-O-U" estão presentes em todas as palavras no idioma português e, por isso, iniciei meus estudos praticando com elas.

Em seguida, utilizei mnemônicos para associar os sons e as letras correspondentes. Isso é feito com um pequeno bloco de papel onde se registra, em cada folha, uma letra e algo que esteja relacionado com o som produzido. Por exemplo, a letra "I" são dois pontos, mas o estudante de telegrafia não decora a quantidade de pontos, ele memoriza o som *"dipe-dipe"*. O erro mais comum no aprendizado de telegrafia é tentar contar os pontos e traços das mensagens.

Depois de alguns dias treinando, já conseguia memorizar os códigos correspondentes às letras do alfabeto e os números. Isso não significava que eu tinha conseguido correlacionar o som às letras e números. Esse é o aprendizado que requer maior dedicação e atenção.

Logo, instalei outro aplicativo no celular, para treinar a audição da telegrafia. O *"Morse Mania"* é um jogo com diferentes níveis de dificuldade. O estudante aprende brincando. Foram mais alguns dias jogando, quero dizer, treinando telegrafia no celular. Por fim, utilizei o simulador da página "RádioRegular.com" para conhecer a metodologia de avaliação da prova *online*.

No dia 19 de fevereiro, 24 dias após o primeiro contato, estudando com os aplicativos de telefone celular, fui aprovado na prova de telegrafia da Anatel e recebi o indicativo PW8CTA. Durante a prova, o candidato precisa ficar atento para não se perder na tradução do Código Morse. A interpretação dos sinais deve ser feita letra por letra, isto é, o candidato não pode ficar tentando adivinhar as palavras que estão sendo transmitidas no momento da prova, senão ele se perde na sequência de sinais transmitidos. Se o candidato não se lembrar de algum caractere, é preciso ter calma e continuar a sequência de recepção.

As aulas não terminaram, mesmo depois da aprovação. Noventa e um anos depois da Expedição do Marechal Cândido Rondon instalar redes telegráficas na Amazônia, aprendi Código Morse nas terras por onde este destemido pioneiro se consagrou. É divertido e, por isso, as aulas devem prosseguir por mais algum tempo... praticando e ouvindo telegrafia nas ondas curtas.

Publicado em 21 de fevereiro de 2021.

OS AMIGOS
DO RÁDIO

OS AMIGOS DO RÁDIO

O rádio é capaz de encantar, seduzir e estimular a imaginação dos ouvintes. A magia da radiodifusão permite a realização de muitos sonhos, descobertas de culturas exóticas e pessoas especiais. No passado, o rádio era a mídia social mais relevante, conectando ouvintes de todo o mundo.

As emissoras internacionais reservavam, em sua programação, momentos relevantes para atender seus ouvintes, em horário nobre. Ao longo dos anos, inúmeros programas de radioescutas estavam em destaque na grade de programação das emissoras. Atualmente, o Programa Encontro DX, na Rádio Aparecida, é o único programa do rádio brasileiro com transmissão regular em ondas curtas. Cassiano Alves Macedo é o produtor e apresentador, resgatando a memória do rádio. Ainda em língua portuguesa, também destacamos o programa Rádio DX, na Rádio Palavra Alegre, que é transmitido em ondas curtas pela *World Christian Broadcasting* (WCB), direto de Madagascar. O locutor brasileiro Danilo Nonato é responsável pela produção e apresentação do programa.

Neste terceiro capítulo apresentamos as memórias dos amigos do rádio em ondas curtas, com os relatos mais relevantes de radioescutas que foram publicados nas mídias sociais.

CARTA AO PROGRAMA ALTAS ONDAS

José Socorro Maranhão
Radioescuta Joe DX

Programa Altas Ondas, Rádio Voz Cristiana:

Apresentador Edson Bruno:
— Vamos agradecendo aí a todos vocês que sempre estão ligados, e que sempre estão ligados aqui com o Altas Ondas, espaço Dexista da Voz Cristã. Você que me ajuda a fazer o programa. Agradeço de coração. É o seguinte gente, vamos com algumas cartas, rapidamente, é o nosso DC, distante conhecido, exatamente, DC! Temos recebido várias cartas, mensagens bonitas, deixa eu compartilhar algumas aqui. Recebi uma carta do José Socorro Maranhão, de Morrinhos, Ceará, Brasil. Ele mandou um ótimo informe de recepção, muito bem-feito. O SINPO lá, a nota do som da Voz Cristã, a recepção é 5, tudo 5-5-5-5-5. Olha lá aí. Ele sintonizou lá, em Morrinhos, no Ceará: "Cordiais saudações meu amigo Edson Bruno, é uma honra e um enorme prazer para mim poder participar outra vez do Altas Horas, que é, sem dúvida alguma, o melhor programa de dexismo do mundo! De antemão, quero dedicar os meus mais sinceros votos de muita paz neste ano novo. Caro amigo, sou ouvinte de ondas curtas desde 1988. Tive o prazer de ter sintonizado muitas emissoras internacionais que transmitiam em língua portuguesa e que, infelizmente, encerram as suas transmissões em

nosso belo idioma, que é tão desvalorizado pelas grandes nações. Ainda cheguei escutar emissões em português de estações, como por exemplo, a Voz da América, Rádio Suíça, Suécia, Canadá, Rádio Tirana, Voz da OEA, Rádio Berlim, Rádio Coreia, Progresso, Boas Novas Internacional e muito mais. Como a fiel amante do rádio e, em especial das ondas curtas, dedico todo meu tempo livre ao hobby da radioescuta, tempo este que me fornece uma sensação por demais agradável. Prezado Edson, meu amigo, através das ondas poderosas dessa emissora amiga, Voz Cristã, quero aproveitar o espaço para fazer, através da sua belíssima voz, uma singela homenagem aos amigos do rádio do nosso Brasil, que são os seguintes, Rudolf Grimm, Samuel Cássio Martins, Sérgio Dória, Renê Gustavo, Célio Romais, Carlos Felipe da Silva, José Moura, Cassiano Alves Macedo, Waldemar Shakti, Cláudio Rótulo de Moraes, Marcelo Toniolo, Rubens Ferraz Pedroso, José Moacir Porteira de Melo, Claudir Tige, Valter Aguiar, Wilson Rodrigues, Jaílton Coutinho Amaral, Irineu Cardoso, Pedro Machado, Samuel Bauer, Anderson Assis de Oliveira, Valdemir José Martins, Antônio Argolo Silva Neto, Francisco Tureli, Cassiano Ricardo Paiva, Denis Zogbi, Paulo Roberto Souza, Márcio Bertold, Lenildo Cerqueira, Rogildo Fontinelli Aragão, e o grande Caio Fernandes Lopes, além de muitos outros que não lembro no momento. Bom, eu peço que divulgue o nome de cada um deles, pois esses rapazes merecem o nosso reconhecimento, bem como a nossa gratidão, a todos eles o meu muitíssimo obrigado! Que 2003 seja um ano completamente recheado de bons Dxs (escutas)! Um forte 73 (abraço) meus amigos!" Olha aí, quem está enviando este abraço é o nosso amigo, José Socorro Maranhão, em Morrinhos, Ceará, Brasil. E a gente observa aí, como ele está por dentro do assunto, enviando um abraço para esses grandes nomes do Dexismo brasileiro. "Amigo

*Edson, tenho em mente uma grande ideia para cidade de Morrinhos",
aí ele coloca, "a possibilidade de criar um clube de Dexismo."
Parabéns pela iniciativa e obrigado pelo informe de recepção e muito
mais. Vai receber, sem dúvidas, vai receber o cartão QSL da Voz
Cristã.*

O radioescuta José Maranhão compartilhou o vídeo com leitura de sua carta ao vivo, em ondas curtas, no grupo Memórias e Histórias de Radioescutas. O vídeo apresenta um trecho do Programa Altas Ondas, apresentado pelo locutor Edson Bruno, na Rádio Voz Cristã, com transmissão de Miami, Flórida, Estados Unidos. A leitura da carta do radioescuta foi ao ar na sexta-feira, dia 14 de fevereiro de 2003, entre 16 e 17 horas UTC (13 e 14 horas de Brasília), na frequência de 21.500 kHz, faixa de 13 metros.

EM MINAS GERAIS COM O RÁDIO

Mauro Ianhez
Engenheiro Agrônomo

A história deste equipamento comigo é algo de muito estranho. Deve ser porque desde pequeno sempre ouvi as vozes dentro daquele caixote; pela distância dos grandes centros e pela necessidade de informação aonde até então não chegara a famigerada televisão, naqueles tempos idos da década de 1970, em Vazante, no noroeste de Minas. Meus pais sempre ouviram, principalmente madrugada afora. Para acordar para ir à escola, eu ouvia uma música de vinheta para a carta do ouvinte, num programa creio ser da Rádio Globo do Rio. Quando nas férias, de manhã, ouvia junto com a minha mãe que acompanhava a programação da Rádio Record de São Paulo, que tinha Silvio Santos, Nelson Rubens e, à tarde, o Eli Correia (*"Oiiiii, genteeee!!!"*). Quando eu ficava na casa de meus avós maternos ouvia de manhã e à tarde o Zé Bétio e sua programação sertaneja. Isso tudo era captado via ondas curtas, em casa num Transglobe 9 faixas e na casa da minha avó um Motoradio de mesa. Minhas primeiras incursões como radioescutas foram nas eleições de 1982 para saber o resultado para prefeito; depois sempre dava umas rodadas no *dial*, principalmente aos domingos até antes das quatro da tarde porque meu pai queria ouvir aos jogos de futebol. No nosso carro tinha um rádio Motoradio 3 faixas que em 1980 eu ouvia o Fausto Silva no programa Balancê da Globo de São Paulo anunciar uma medalha de ouro para o Brasil nos Jogos Olímpicos de Moscou (era para o iatismo). Pelo rádio também, descobri a Rádio Cultura AM de São Paulo no ano de 1988, em Viçosa, MG à noite e que depois dei conta de achá-la nas ondas curtas de dia. Foi minha estação favorita por muitos anos, e desde então comecei a adquirir meus aparelhos. É uma luta diuturna, às vezes inglória, para uma melhor captação das estações num mundo cheio de lâmpadas eletrônicas, TVs, PCs e um punhado de interferências. Mas vamos levando. Nisso, conheci muita gente, fiz amizades e que, através da internet, possamos saber de mais detalhes sobre esta máquina de som e fantasia.

Publicado em 03 de julho de 2020

CARTÃO DA RÁDIO ESLOVÁQUIA INTERNACIONAL

EM 2003, O RÁDIO E EU

Francisco Ronaldo Magalhães dos Santos
Estudante

Por volta do ano de 2003, eu estava na casa de um amigo quando vi um aparelho de rádio de bolso, no qual o meu amigo escutava rádios locais, como FM. Nãos sei se escutava Ondas médias. Mas é provável que não. Resolvi ligá-lo... dei uma olhada... tentei fazer sintonia em FM, em AM... Até que encontrei uma indicação no receptor ao lado de FM, está escrito: SW. Mudei a chave do receptor para esse SW sem saber o que significava.

De repente, enquanto "mexia" no botão de sintonia, eu escutei uma voz em espanhol. Não lembro da minha reação mas posso dizer que, no mínimo, fiquei curioso. Não lembro da minha reação ao sintonizar essa emissora desconhecida por conta do tempo que já se passou. Até hoje não sei qual foi a emissora de rádio escutada na referida ocasião.

Minha próxima recordação, já que estou lembrando a minha história com o rádio de Ondas Curtas (OC) aos saltos no tempo, foi quando trabalhava em uma padaria. Eu era entregador e também ficava no balcão quando não havia entregas. Foi no balcão na padaria que tive o meu outro contato com a então desconhecida de mim, as Ondas Curtas.

Na prateleira da bancada da padaria havia um receptor com várias faixas coloridas e, novamente, a indicação "SW". Logo fiz a relação de ideias esperada. Soube etão que a faixa de SW tinha várias bandas. Mas eu ainda não entendia bem como funcionava um receptor de OC. O interessante é que tanto na ocasião na casa do meu amigo e na ocasião da padaria, as pessoas presentes não ouviam as faixas de Ondas Curtas.

Também não tinha curiosidade em ouvi-las. Acho isso um pouco estranho: como pode um rádio de OC passar despercebido? Será que não havia quem, nesses dois lugares, pudesse ter a curiosidade de "mexer" naquela faixa de frequência? Bem, já na porta da padaria eu estava com o simples receptor nas mãos olhando para fora e tentando escutar alguma coisa em SW. Era mesmo: eu comecei a entender aos poucos como funcionava esse receptor. Já sabia que SW era uma faixa na qual se podia ouvir emissoras internacionais. Retomando: Estava na porta da padaria quando tive outra surpresa. Sintonizei outra emissora em língua estrangeira. Foi aí então que "me despertei": depois de te visto dois modelos de aparelhos receptores de Ondas Curtas, decidi comprar um, pois notei que eram aparelhos de baixo custo (até então eu não conhecia aparelhos mais sofisticados, obviamente).

De sorte havia uma lojinha de importados do lado da padaria. Me informei e sobre onde conseguir um receptor daqueles citados das minhas duas escutas e fui comprar um. Para minha surpresa, um receptor de Ondas Curtas comum era bem barato. Cronologicamente falando: Resolvi, por volta de 2004 ou 2005, pesquisar na Internet o que eram as Ondas Curtas.

Procurei pela sigla SW e Ondas Curtas, dentre os resultados, achei o site do Sarmento Campos, grande entusiasta das Ondas Curtas e excelente conhecedor das tais. Até hoje esse *site* é referência para mim. Na Internet também soube que se podia enviar mensagens para as emissoras. Fiquei mais entusiasmado ainda: era um mundo novo se descortinando para mim! De porte com o meu "radinho" de OC novo resolvi fazer testes todos os dias. De repente, em uma tare ou noite aqui no Brasil (não lembro bem a hora) ouvi uma voz em português com sotaque chinês. Essa seria a minha primeira identificação de uma emissora em SW. A emissora era a CRI - China Radio Internacional em português! Foi a primeira identificação de uma emissora em Ondas Curtas que eu fiz.

Sabendo que poderia enviar uma carta, resolvi enviar uma mensagem para a CRI. Simplesmente não sabia se me responderiam. Na verdade tinha dúvida quanto a isso. Esperei, esperei sem saber se viria resposta. Então chega o carteiro: responderam! Junto da mensagem havia papéis recortados chineses e a mensagem do Senhor Gao. Desde então a CRI em português faz parte das minhas boas lembranças das escutas de rádio. Eu guardo a CRI em meu coração de radioescuta. Quanto ao QSL: meu primeiro QSL veio da CRI em português. Fiz questão disso.

Não aprendi sobre o QSL prontamente. No começo não entendia bem o que significava. É curioso o fato de que, mesmo sem saber o que era QSL, eu já fazia anotações minuciosas das transmissões da China Radio Internacional. Era em um bloquinho papel. Em 2005 recebi meu primeiro QSL, Daí então fui em frente e enviei vários outros Informes de Recepção para as diversas emissoras. Ganhei vários brindes emissoras em OC. E também ganhei boas amizades, no Brasil e exterior.

É emocionante sabe que enquanto estou a escutar um programa em *"Short Waves"* há vários e vários outros amigos radioescutas fazendo o mesmo programa e ouvindo as mesmas transmissões que eu. Até hoje me maravilho ao imaginar, olhando para o Céu, as ondas de radiofrequência se propagando desde lugares distantes até a minha casa. É a importância e magia das Ondas Curtas se fazendo presente entre os povos do Mundo!

Publicado em 10 de agosto de 2020

NÃO HÁ LIMITES PARA O PÚBLICO DAS ONDAS CURTAS

O RÁDIO VAI ONDE A INTERNET NÃO CHEGA

Lilian Cristina Renna Alves Amaral
Advogada

No final de semana dos dias 11, 12 e 13 de setembro fui a um Balneário, na Região Amazônica, passar o final de semana com meu marido e filho. É um local que possui um grande rio com uma queda de cachoeira muito bela, formando uma espécie de praia, possibilitando diversão pra toda a família.

Neste local, o celular e a internet não funcionam, apenas conseguimos ouvir o rádio, foi quando perguntei ao meu marido: - *Como esse rádio funcionava aqui?* Achei incrível! Nossa única possibilidade de contato com o mundo externo. Então, ele me explicou que se tratava de um rádio de ondas curtas.

Estar em família, em contato com a natureza e sem nenhuma interferência da internet para atrapalhar nossa comunhão, foi maravilhoso, mas à noite, cansados no chalé, foi excelente poder ouvir a transmissão da *"World Last Chance"* a qual falava sobre o perdão de Deus sobre nossos pecados, quando os confessamos, que Ele lança no mar do esquecimento e coloca uma placa: *"Proibido Pescar - Tornará a apiedar-se de nós; sujeitará as nossas iniquidades, e tu lançarás todos os seus pecados nas profundezas do mar"* - Miqueias 7:19.

Continuamos, no dia seguinte, ouvindo as belas mensagens

transmitidas por essa rádio e, pude perceber a importância do rádio de ondas curtas, principalmente em locais onde não há sinal de internet ou onde ocorre com frequência, a falta de energia elétrica.

Nos próximos passeios à natureza, farei questão de levar o rádio de ondas curtas para aproveitar as belas mensagens e informações importantes transmitidas.

Publicado em 19 de setembro de 2020

CARTÃO DA RÁDIO VOZ DA RÚSSIA

MINHA HISTÓRIA COM DEXISMO

Orton Marcos Alves Couto
Radioescuta

A minha história com o dexismo, começou nos inícios dos anos 90, se não me engano e lembro que cheguei a ouvir sem ter QSL várias rádios internacionais em ondas curtas em um modelo da Motoradio 6 faixas, pois morava em zona rural e a noite e fins de semana podia se ouvir com muito bom som, naquele tempo e não tinha lá pelo que me lembro muita interferência ou como se diz QRM. E uma das rádios que ouvi e cheguei a receber um QSL foi a Rádio Aparecida. Não dei sequência, não sei o motivo mas voltei ano passado, usando outro rádio mais moderno e SDR, e já tenho mais de 20 QSLs confirmados. Me tornei PX final do ano passado e no início de agosto fui aprovado para Radioamador Classe C. Porém ainda não tenho a minha estação PX e radioamador montada e ativa mas espero em breve poder montar.

Publicado em 9 de setembro de 2020

DX CLUBE SEM FRONTEIRAS

Antônio Avelino
DX Clube Sem Fronteiras
www.dxclubesemfronteiras.com

O DX Clube Sem Fronteiras surgiu com o intuito de unir ainda mais os Dexistas, os Radioescutas e Radioamadores em apoiar e divulgar as emissoras Nacionais e Internacionais que transmitem em Onda Curta para mundo. O clube fundado em 09 de março de 2013 vem realizando concursos de escutas durante todo o ano conforme o cronograma: Janeiro - Fim de Semana de Escutas em FM; Março - Maratona de Escutas em todas as faixas de frequências FM, Onda Média/Amplitude Modulada (OM/AM), Onda Tropical (OT) e Onda Curta (OC) com concurso em homenagem ao aniversário do clube. O concurso acontece em um único dia; Maio - Semana de Escutas em Onda Média/Amplitude Modulada (Om/AM); Julho - Fim de Semana de Escutas em Onda curta (OC); Setembro - Fim de Semana de Escutas em Onda Tropical (OT Novembro - Semana de Escutas em Onda Curta (OC);

Ele também realiza a Pesquisa Anual Internacional para escolher os "Melhores da Onda Curta". Essa pesquisa é aberta de 01 de setembro à 30 de novembro. A Pesquisa tem por objetivo homenagear e prestigiar as emissoras, locutores, locutoras e os respectivos programas. Essa homenagem é uma forma dos ouvintes parabenizarem as emissoras e seus profissionais por seu trabalho e serviço de radiodifusão.

Também são realizados encontros com radioamadores, sempre no mês de junho de cada ano. O clube também organiza o Encontro Nacional de Dexistas, Radioescutas e Radioamadores, sempre na cidade de Caruaru/PE. Em agosto de 2013, o clube publicou seu primeiro boletim impresso, que é enviado para todos os associados no Brasil e no mundo.

O Boletim "DX Sem Fronteiras" é publicado a cada três meses, tendo várias informações para os seus leitores como: Entrevistas com Dexistas, Radioescutas, Radioamadores e Diretores de várias emissoras nacionais e internacionais. O clube também resgata informações sobre a história do Rádio, escutas realizadas, seção de Cartões QSL's, Radioamadorismo e várias dicas importantes para o *hobby*.

A publicação do DX Clube Sem Fronteiras está resgatando a história do Rádio no Brasil e do mundo a cada edição. Em outubro de 2020 foi publicada a 30ª edição.

Em 2018, o DX Clube Sem Fronteiras recebeu o convite para participar do programa "Encontro DX", da Rádio Aparecida, que vai ao ar todos os sábados, entre 19h e 20h (horário do Brasil).

O clube também lançou o projeto da "Nossa Rádio DX", que é uma rádio web no link: http://dxclube.caster.fm.

O projeto da Nossa Rádio DX foi elaborado com o intuito de levar mais informações aos amantes das ondas do rádio e, com isso, levar mais conhecimento para todos os dexistas, radioescutas, radioamadores e a população em geral. A Nossa Rádio DX é uma emissora *web* do DX Clube Sem Fronteiras. Nossa emissora leva a seus ouvintes muita música de qualidade, informação e entretenimento. A programação da emissora do clube inclui canções dos anos 50, 60 70, 80 e 90, tocando os grandes clássicos da música nacional e internacional. Toda sexta-feira vai ao ar um programa com informações para todos os dexistas, radioescutas, radioamadores, com áudios antigos e música de qualidade. Horário: Sempre das 20h às 21h (horário de Brasília).

Publicado em 1 de outubro de 2020

LEMBRANÇAS DAS ONDAS CURTAS

NÃO HÁ LIMITE DE IDADE PARA O SPOTIFY

Edinei Mainardes
Apresentador de TV

Até minha mãe, que tem quase 80 anos, aprendeu usar o Spotify e parear o celular em uma caixinha *bluetooth*. Depois dessa, começo acreditar no fim da era rádio. O rádio influenciou de tantas formas a minha vida! Porém, a TV tradicional já era. Não existe nenhuma pessoa do meu convívio, além dos idosos (mãe, pai e sogra), que assistam. Todos os demais estão usando internet na TV e assistem filmes, documentários ou esportes no horário que cada um estipula.

Fui apresentador de notícias no SBT do Paraná. Recentemente, apresentei uma foto na bancada onde aparecia a logo da emissora para meu filho de 8 anos, que lê e escreve bem. Ao ver a logomarca, me perguntou o que aquela empresa fazia. Fiquei assustado com o tamanho da mudança de paradigmas. Meus filhos e, provavelmente todos os colegas de escola, nem sabem que existem emissoras como Globo, SBT ou Band. O mesmo deve acontecer com outras crianças e adolescentes urbanas de classe média. Sinal de um futuro tempestuoso para esse tipo de empresa. Terão que se reinventar.

Via Fórum de Emissoras de Rádio AM e FM
Publicado em 28 de novembro de 2020

ONDAS CURTAS EM PORTO RICO

Angel L. Aponte
Porto Rico

Nasci e cresci nos anos de desenvolvimento do rádio. O Rádio é uma paixão para mim. Pratico DX em MW/SW. Nos últimos anos, o sinal de telefonia Wi-Fi aumentou, o que produz forte interferência em ambas as frequências. O passatempo favorito de muitos está nos acabando. Além disso, a mudança para o sinal digital (HD) também produz muita interferência no espectro de rádio, no entorno da estação desejada. Eu amo rádio analógico. Aqui em Porto Rico, o rádio passou no teste durante o furacão Maria. O outro meio (telefone celular) falhou. Neste mês de outubro, os radioamadores, conhecidos como KP4, voltaram a se organizar. Parabéns. Em boa hora!

Via Shortwave Radio Station Listening group
Publicado em 29 de outubro de 2020

QUANDO TUDO FALHA

Oscar Eduardo Desmonteix
Estados Unidos

Na minha infância vivi ligado ao meu rádio, seja com um Hitachi transistorizado ou valvulado. Em tempos de queda de energia, gastávamos fortunas com baterias para continuar ouvindo as notícias e nossos programas favoritos. Depois de me mudar para a Patagônia, voltei a me apegar ao rádio por falta de canais de televisão.

É uma pena que, devido aos serviços digitais pagos, a população tenha menos acesso a serviços analógicos gratuitos todos os dias. Quase não há estações de ondas curtas e muitas que existem têm apenas pregadores religiosos ou propaganda política.

O pior caso é que todos os serviços digitais não funcionam durante furacões, terremotos, inundações e incêndios florestais. No entanto, um rádio transistorizado com baterias novas permite que você esteja em contato com o mundo para saber para onde ir ou o que fazer. Os radioamadores nos Estados Unidos têm um lema: "Quando tudo mais falhar, rádio amador".

Via Shortwave Radio Station Listening group
Publicado em 29 de outubro de 2020

A CURIOSIDADE DE UM GAROTO DE FÉRIAS

Ken Gold
Estados Unidos

Quando eu era criança, no início dos anos 70, minha família tirou férias em uma cabana, nas Montanhas Adirondackde, uma região remota dos Estados Unidos. Eu peguei catapora e tive que ficar sozinho na cabana, enquanto todos passavam o tempo ao ar livre. Minha única diversão era um rádio com essas bandas estranhas no *dial*. A curiosidade me levou a girar o botão. Estou fisgado desde então.

Via Shortwave Radio Station Listening group
Publicado em 31 de outubro de 2020

OUVINDO ONDAS CURTAS LONGE DA VOVÓ

Mark Daniell
Estados Unidos

Meus avós tinham um pequeno rádio multibanda, de aparência estranha, em uma mesa lateral na sala de estar. Eu passava horas brincando com ele. Foi essa a história que minha avó me contou antes de falecer. Depois disso, não posso dizer que houve um momento, pois fiquei viciado nas caixas mágicas de falar.

Via Shortwave Radio Station Listening group
Publicado em 31 de outubro de 2020

UM OUVINTE NA GUERRA DO GOLFO

Chuck Morford
Estados Unidos

Comecei a ouvir o BBC *World Service* quando estava na Força Aérea dos Estados Unidos. Naquela época, eu estava em uma missão na Arábia Saudita, no início dos anos 1980. Depois que voltei para os Estados Unidos, eu parei de ouvir, mas retomei em 1990, quando começou a primeira Guerra do Golfo.

Via Shortwave Radio Station Listening group
Publicado em 31 de outubro de 2020

CONSTRUINDO MEU RÁDIO DA SEGUNDA GUERRA

Mike Vines
Estados Unidos

Meu interesse começou com a construção de um "Radio de Trincheira", quando eu estava na sexta série. Era um sistema alternativo construído por soldados na Segunda Guerra Mundial para ouvir estações de rádio AM em casa. Ele não funcionou! Em seguida, contruí um rádio galena, que funcionou! Ouvi Wolfman Jack. Depois disso, ouvi AM com um Super Radio GE. Durante a noite, registrava inúmeras estações de rádio norte-americanas e colecionei cartões QSL. Em seguida, veio o rádio cidadão e o radioamadorismo. Finalmente, eu conquistei uma licença de radioamador em 1985, enquanto trabalhava na Alemanha. Fiz amigos maravilhosos por causa do radioamadorismo. Sempre que estou no rádio os problemas desapareceram no QRM.

Via Shortwave Radio Station Listening group
Publicado em 31 de outubro de 2020

NÃO OUÇA RÁDIO DE UM PAÍS COMUNISTA!

Jeff King
Estados Unidos

Saí de férias quando eu tinha 10 anos (apenas mamãe e eu) para visitar meus tios. Havia um rádio sobre uma mesa. Um enorme gabinete de madeira. Enorme! Havia vários *"dials"* (faixas), e cada um era de uma cor diferente, com os nomes de países abaixo dos *"dials"*. Duas antenas cruzaram-se e tocaram o teto. Isso foi em 1970. Eu queria conhecer o rádio e perguntei sobre o equipamento. Depois, implorei. A resposta era sempre a mesma, "Não"! Depois acrescentavam: *"É apenas muito barulho, você não gostaria"*.

Finalmente, depois de cerca de uma hora disso, aos 10 anos de idade, eu fiz a maior e mais desagradável birra de temperamento que deixaria qualquer criança de 4 anos com vergonha! Mamãe estava com vergonha de quase chorar. Finalmente, meu tio foi forçado a ceder.

A primeira estação de rádio que ouvi tocava uma música militar. A estação estava cristalina, como uma estação FM local. Então a voz, em inglês simples, *"This Is Radio Moscow World Service. Estamos transmitindo na frequência... "*

EU ESTAVA ENCANTADO! Fiquei surpreso ao ouvir da Rússia - A URSS! Um país comunista! Demorou mais 4 anos para implorar à minha mãe que me comprasse um rádio com ondas curtas.

Depois disso, ela conseguiu um rádio muito bom, portátil AM/FM, que comecei a fazer DX em MW. Eventualmente, sem ter nenhuma ideia do que era SW, ela me deu um rádio GE "10-Band" - com *Short Wave* nele. Eu adorei esse rádio. Ouço desde aquele tempo. Nunca vi outro rádio assim, mas tenho vários rádios excelentes: Stromberg-Carleson de 1936; Transoceanic R-7000y; Candle VMS-1224; Tecsun PL-660; PL-880; XHData D-808, CCSKywaveSSB e outros rádios *vintage*.

Via Shortwave Radio Station Listening group
Publicado em 31 de outubro de 2020

CARTÃO NATALINO DA VOZ DA RÚSSIA

RÁDIO DE CABECEIRA

Michael Hepner
Estados Unidos

Meu fascínio pelo rádio em geral começou com um pequeno rádio AM de 1965. Eu tinha 5 anos. Em 1969, meu pai foi transferido para a Alemanha e morávamos em uma pequena vila próximo à Frankfurt. No brechó da vila havia um console alemão com rádio e toca-discos embutidos. Eu reservei o equipamento e fiz pagamentos semanais, até pagar completamente seu valor. Eu tinha 9 anos. Comecei a sintonizar o mundo com ele. Eu encontrei muitas transmissões do Reino Unido, que influenciaram meus gostos musicais. Aprendi que havia muito mais sendo oferecido do que as 40 principais estações típicas.

Desenvolvi um amor profundo pela música clássica e rock. Também aprendi, desde muito jovem, que as visões sobre vários assuntos que acontecem no mundo, tinham opiniões e pontos de vista diferentes. Além disso, como vários países poderiam controlar as informações que seus cidadãos recebiam, incluindo os EUA. Eu sou viciado em ondas curtas desde então.

Quando voltamos para os EUA, eu tinha 13 anos. Tenho um rádio de ondas curtas desde então. Em 1981, casei-me com minha esposa. Eu tinha um rádio de ondas curtas na minha mesinha de cabeceira. Eu sintonizava o mundo todas as noites, depois que minha esposa cochilava. Havia muitas emissoras naquela época. Era minha atividade favorita para relaxar todas as noites. Ainda tenho todos os rádios de ondas curtas que já tive, até hoje. Incluindo aquele console alemão.

O amor pelo rádio também me influenciou a me tornar um operador de radioamador. Aquele rádio de ondas curtas que comprei teve a maior influência em minha vida, mais do que qualquer outro item, além da Bíblia. Estou agora com 60 anos e ainda ouço meu rádio todas as noites antes de dormir. Deus abençoe a todos você!

Via Shortwave Radio Station Listening group
Publicado em 31 de outubro de 2020

CARTÃO COMEMORATIVO RÁDIO TCHECOSLOVÁQUIA

OS BATUTINHAS DO RÁDIO

Jeff Laurence Gill
Estados Unidos

Eu tinha 9 anos, morava na Califórnia e, do outro lado da rua, morava meu amigo Steve. Sua família era grande. Três meninos e três meninas. Seu pai era afinador de piano, com uma audição incrível e totalmente cego. Na garagem deles havia um receptor de ondas curtas da marca Collins. À noite, seu pai convidava as crianças da vizinhança para se sentarem na garagem com as luzes baixas, enquanto ele sintonizava as emissoras. Ele podia ouvir e identificar tudo. Todas as estações e países que ouviríamos. Todos os sons estranhos, tráfego militar, era mágico! A esposa dele trazia chocolate quente para nós, e eu estava totalmente viciado. Eu comprei meu primeiro rádio de ondas curtas em 1960, e desde então, nunca fiquei sem um.

Via Shortwave Radio Station Listening group
Publicado em 31 de outubro de 2020

MEU PAI, MEU EXEMPLO!

James Matis
Estados Unidos

Meu pai era um operador de rádio na Segunda Guerra Mundial e me ensinou código morse quando eu tinha 11 ou 12 anos. Enviaríamos mensagens pela sala usando uma lanterna com um "botão de pisca-pisca". Em seguida, brincava com antigos receptores de ondas curtas que pegava na rua durante a semana de limpeza. Não sei como sobrevivi aos muitos choques que recebia tentando consertá-los! Eu não tinha a menor ideia do que estava fazendo, a não ser pelo testador de válvulas da loja de ferragens local. Um ou dois funcionaram bem o suficiente para copiar algumas emissoras.

Passei muitos dias colados ao rádio ouvindo as ondas curtas, até que minha mãe me expulsou de casa para tomar um "ar fresco". Depois disso, eu adquiri um antigo receptor Philmore, que tinha um oscilador de frequência de batimento (BFO) e pude copiar transmissões CW de radioamadores. Acho que foi isso que finalmente me levou a conseguir uma multa. Eu queria ser um deles!

Via Vintage Ham Radio Advertisements group
Publicado em 6 de novembro de 2020

UM RADIOESCUTA NA AUSTRÁLIA

Bob Ronai
Australiano

Minha introdução à escuta de ondas curtas remonta à minha adolescência, no final dos anos 1950. Eu tinha um rádio que sintonizava as bandas de ondas médias e curtas. Comprei um exemplar da revista "Rádio e Hobbies" e vi um artigo de Art Cushen de Invercargill sobre Dexismo. No início, as ondas médias chamaram mais a minha atenção e, por isso, entrei para o clube de DX da Radio Nova Zelândia. Nessa época, conheci Jim Cuming, radioamador com indicativo VK2PM, que me levou a uma reunião da associação.

Em 30/04/1965 eu fiz o curso e consegui a primeira licença de radioamador (VK2ZRZ). O instrutor, Cec Bardwell (VK2IR), ofereceu-me uma bolsa e eu comecei o curso de operador de radiodifusão na Escola Marconi de Comunicações Sem Fio, em complemento ao meu trabalho em um banco.

As ondas curtas me agarraram e, alguns meses depois, Steve Thurlow e eu fundamos o Australian Radio DX Club. O início dos anos 90 dediquei-me à família e só voltei para o rádio há cerca de cinco anos. Consegui que a licença de radioamador VK2BOB, em substituição aos meus cinquenta anos de VK2ZRZ. Pensei: *"certo, essa é a minha decisão pelos próximos cinquenta anos!"*

Depois isso, mais uma vez, a vida interrompeu meu passatempo, com uma mudança para a cidade de Cairns, no estado de Queensland. Depois de algum tempo, ativei novamente a estação e estou aqui em Cairns, ativo no HF SSB como VK4BOB. Essa é a minha história no rádio!

Via Australian Radio DX Club

O FUTURO DO RÁDIO

130

O FUTURO DO RÁDIO

Neste capítulo apresentamos textos que convidam o leitor a refletir sobre o futuro do rádio, assim como do passatempo de radioescuta. Não são profecias, muito menos verdades absolutas sobre a radiodifusão, por isso, a leitura desse material deve ser realizada com bastante atenção, avaliando cada evidência proposta, os dados utilizados para construção dos argumentos, bem como as conclusões sugeridas.

Caso encontre algo que discorde, não fique frustrado, muito menos com raiva do autor. A realidade pode ser difícil de encarar, entretanto, viver com saudosismo, ou esperança, não será suficiente para resgatarmos os anos dourados das ondas curtas. Leia, reflita sobre o assunto, avaliando como as mudanças de comportamento da sociedade estão afetando o cotidiano das pessoas, dos ouvintes do rádio, conectados pela internet.

RUÍDOS: OS INVASORES DO ESPECTRO

Até os anos 2000 era possível ligar o rádio em ondas médias, tropicais ou curtas e ouvir o som característico do espectro eletromagnético: um chiado suave. O som era muito semelhante ao de uma torcida vibrando com um gol no estádio de futebol. Em dias ensolarados, o som aumentava a intensidade e encobria as estações de rádio mais distantes. Os raios solares produziam ruídos que contaminavam o espectro de rádio com outros sinais eletromagnéticos.

A relação sinal/ruído daqueles tempos, medida em decibéis, demonstrava que era possível ouvir rádio com tranquilidade. O sinal radioelétrico sintonizado pelo receptor possuía níveis aceitáveis quando comparado ao ruído do ambiente. O nível mínimo de sinal detectável, de acordo com as condições ambientais e a sensibilidade do receptor de ondas curtas, estava em torno de -70dBm e -90dBm. Isso significa dizer que era possível sintonizar as emissoras de ondas curtas no seu rádio receptor e ouvir o som de maneira agradável.

Modelos estatísticos de processos Gaussianos identificavam algumas poucas variáveis aleatórias para sobrepor o sinal da emissora predileta. A matemática estatística revelava o que todos podiam ouvir. A densidade espectral de potência do ruído, isto é, a energia indesejada que estava presente no ambiente, era insignificante quando comparada à sintonia do receptor. A energia da emissora captada na antena era muito maior que a energia dos ruídos existentes no ambiente.

Mas o que aconteceu a partir dos anos 2000? A digitalização de serviços e produtos, popularização da internet e do telefone celular, e a massificação do uso dos computadores domésticos. Nesse período, os equipamentos eletroeletrônicos passaram por uma transformação analógico-digital e se tornaram conectáveis em redes de comunicação públicas ou privadas.

Os *bits* e *bytes* dos pacotes de informação transitam em alta velocidade nessas vias digitais. Os equipamentos possuem fontes de alimentação mais eficientes e são capazes de converter eletricidade sem perder energia para cargas reativas ou para o calor. As fontes de alimentação chaveadas possuem circuitos internos que criam sinais elétricos em altas frequências para controlar os dispositivos eletrônicos. Elas estão presentes nos televisores, computadores, notebooks, etc.

Na sua casa, cada dispositivo eletrônico que possui uma fonte de alimentação chaveada trabalha como um pequeno emissor de interferência eletromagnética (EMI – sigla em inglês). A compatibilidade eletromagnética (EMC – sigla em inglês) é a cadeira da engenharia elétrica que se dedica ao estudo da EMI. Ao longo dos anos, percebeu-se que a EMI cresceu bastante, e os órgãos reguladores passaram a exigir certificados de homologação dos fabricantes. Era uma maneira de tentar preservar o espectro eletromagnético das interferências indesejáveis. No espectro estão alocadas as frequências de emissoras de rádio, equipamentos médicos, serviços aeronáuticos, entre outros sistemas que utilizam comunicações sem fio.

No Brasil, a Agência Nacional de Telecomunicações (Anatel) é responsável pelo monitoramento do espectro eletromagnético. Ela também homologa os equipamentos eletrônicos que produzem emissão de radiação eletromagnética.

Alguns produtos asiáticos não respeitam as recomendações técnicas e deixam de produzir equipamentos com filtros de EMI. A blindagem, ou Gaiola de Faraday, também é outro recurso para evitar a EMI, mas que é ignorada pelos fabricantes. Os produtos contrabandeados não são certificados e, na maioria dos casos, possuem componentes de baixa qualidade, nenhuma blindagem ou que produzem muita EMI.

Não são apenas as fontes chaveadas dos dispositivos eletrônicos que produzem ruídos nas ondas curtas. Também existem outras fontes de interferência, tais como cercas elétricas, bastidores de circuitos telefônicos, torres de telefonia móvel, rede de televisão a cabo, ar-condicionado, micro-ondas, bem como as famigeradas lâmpadas de Led.

As lâmpadas de Led promoveram uma revolução âmbito da eficiência energética. Nas grandes cidades, houve redução drástica de consumo de eletricidade após a substituição das lâmpadas incandescentes e fluorecentes por essa nova tecnologia. Elas estão por toda parte e, cada uma dessas lâmpadas, atua como um pequeno emissor de EMI.

Os Leds das lâmpadas não são ligados diretamente na rede elétrica das casas (110 ou 220V). Eles são componentes eletrônicos que trabalham com níveis de tensão menores, associados em ligações série/paralelo. Para tanto, utilizam um circuito eletrônico que atua como uma fonte chaveada. Este circuito, quando não possui filtros e blindagem adequados, produzem EMI.

Atualmente, milhões de microemissores de EMI estão em operação nos grandes centros urbanos e isso é irreversível. O antigo chiado no espectro de rádio em ondas médias, tropicais e curtas se transformou em um repugnante zumbido. O som é insuportável, irritante, que surge nos alto-falantes do rádio, agredindo os ouvidos apurados dos radioescutas.

Não há fiscalização que possa conter os ruídos que infestam as ondas curtas. Muitos radioescutas já aposentaram seus equipamentos nas grandes metrópoles. Nos dias atuais, é preciso fugir dos centros urbanos para fazer uma boa escuta no rádio, à moda antiga, e buscar zonas de silêncio eletromagnético.

Publicado em 21 de novembro de 2020

CARTÃO COMEMORATIVO DA RÁDIO VATICANO

DIGITALIZAÇÃO DO RÁDIO: *TRADE-OFF*

Nesta semana recebi dois livros de radioescutas produzidos no início dos anos 90. Os textos possuem grande valor histórico, uma vez que reproduzem um momento singular das comunicações por ondas curtas pelo mundo. Naquela época a rede mundial de computadores estava começando a se popularizar e não alcançava os pontos mais isolados do planeta.

Os livros apresentam conceitos de maneira simples, descrevendo a magia das telecomunicações em linguagem clara e objetiva. Eles também trazem informações importantes sobre os melhores horários para escuta, bem como os cuidados adequados para instalação das antenas em casas e apartamentos. As obras também reproduzem extensas tabelas com esquemas de transmissão, detalhando as frequências, cobertura e horários no tempo universal coordenado.

Estes livros nas mãos de radioescutas e radioamadores iniciantes ou experientes foram excelentes fontes de informação e diversão. Guias, manuais, *handbooks* ou quaisquer outros nomes que possam ter recebidos não descrevem totalmente a sua importância técnica e histórica para o rádio.

Contudo, recebo o material no momento que a Rádio Internacional do Irã anuncia o fim das transmissões em ondas curtas, dedicando-se agora aos canais de televisão e internet. Por isso, aproveito o momento, e a leitura dos livros, para refletir sobre o rádio em ondas curtas no século XXI. A paixão pelo rádio não pode sobrepor a razão e, por isso, formulei algumas indagações sobre o assunto. Não possuo respostas para elucidá-las em sua plenitude, mas elas servem para balizar a discussão sobre o futuro do rádio em ondas curtas.

As comunicações em longas distâncias, nos primeiros anos do rádio, eram limitadas tecnicamente pela eletrônica daqueles tempos. Os equipamentos eram valvulados e não havia preocupação em economia de energia elétrica. A limitação técnica das válvulas restringiam as comunicações nas bandas de rádio de ondas médias e ondas curtas (MW e SW – siglas em inglês respectivamente). Nessas faixas, a comunicação depende de potência elevada e, com isso, grande consumo de energia elétrica. A irradiação da energia produzida depende das antenas que, fisicamente, possuem grandes dimensões. Na recepção, o rádio também precisa de antenas grandes para boa captação em ondas curtas.

Pois bem, atualmente as restrições ambientais, econômicas e tecnológicas exigem maior eficiência e redução do consumo de energia. O consumo de eletricidade de uma emissora de rádio em ondas médias ou ondas curtas é bastante elevado. São dezenas de quilowatts por hora de operação. Esse custo se agrava quando o funcionamento ocorre no horário de ponta, isto é, quando a tarifa é mais cara. No Brasil, a emissora de rádio de ondas médias ou ondas curtas que está transmitindo entre 18 e 21 horas locais paga uma tarifa que é cerca de 50% mais elevada que nos outros horários. Esse é um custo considerável e não pode ser descartado, mesmo que seja no horário que a propagação é mais generosa. A manutenção de um sítio de transmissores MW ou SW é dispendiosa, exige equipe técnica dedicada e reparo preventivo constante para manter a qualidade das comunicações. Não é incomum as grandes antenas sofrerem danos provocados por fenômenos naturais. Além disso, muitas emissoras da América Latina e África ainda utilizam válvulas em seus transmissores.

Nos anos 2010, a Agência Nacional de Telecomunicações (ANATEL) iniciou a migração da MW para a faixa de operação das emissoras de rádio em Frequência Modulada (FM). Esse procedimento foi inspirado em discussões e fóruns na União Internacional de Telecomunicações (ITU – sigla em inglês). O avanço tecnológico da microeletrônica possibilitou a comunicação com taxas de dados significativas, bem como maior eficiência energética. Mas também gerou muitos ruídos eletromagnéticos no espaço urbano.

Computadores, lâmpadas de *Led*, telefones móveis, entre outros dispositivos geram ruídos que a legislação de irradiação restrita não consegue conter. Isso compromete a qualidade das comunicações em MW ou SW. Ligar um rádio de ondas curtas nas grandes metrópoles é algo impraticável. O zumbido dos ruídos é repugnante e, em determinados horários, ocupam todas as bandas de SW.

A solução para driblar os ruídos? A digitalização! A tecnologia não é mais a vilã, mas uma aliada? Será?

A engenharia de telecomunicações não decepciona, pois todos os anos apresenta uma nova geração de telefones móveis. A digitalização da MW e SW é propagada como a solução para a eliminar os ruídos e melhorar a qualidade do som. Ela também promete contornar os efeitos da sazonalidade da propagação do sinal de rádio em algumas bandas. O ouvinte não precisaria esperar mais os caprichos do sol para ouvir o rádio em ondas curtas. É uma maravilha!

Mas qual o custo de implantação de um sítio de transmissores digitais de MW ou SW? Qual o custo de um receptor de rádio digital para um ouvinte na África ou nas comunidades ribeirinhas da Amazônia?

O fabricante de tecnologia não deixa por menos e, de acordo com a maioria dos fornecedores, a produção em escala reduzirá o custo ao consumidor final. Será? Quanto custa um *smartphone* nos dias atuais? Compare os preços dos telefones celulares e receptores de rádio na Galeria Pagé. Mais uma vez os defensores da digitalização sairão em defesa da tecnologia, alegando que são necessários subsídios estatais para iniciar a produção em massa dos receptores. Considerando a realidade atual do país, é possível pensar em desoneração fiscal? Quem vai levantar essa bandeira?

Outros dirão que isso já aconteceu no passado e citarão a digitalização da televisão. A migração do sinal analógico da TV promoveu aumento efetivo da qualidade do sinal, que chega a "saltar aos olhos". A digitalização do sinal de rádio vai produzir o mesmo efeito? A questão não é quem vai querer pagar mais para fugir dos ruídos ou ter um pouco mais qualidade do som, mas quem vai poder pagar mais por isso ou quem vai ganhar com isso.

Publicado em 16 de outubro de 2020

O DESTINO DAS ONDAS CURTAS NO SÉCULO XXI

Ao longo do século XX, o rádio foi protagonista de muitas mudanças em nossa sociedade. Ele contribuiu para interromper guerras, derrubar tiranias e disseminar cultura e conhecimento, democraticamente, sem respeitar fronteiras territoriais, políticas ou econômicas. São inúmeras as conquistas do mundo moderno nas quais o rádio se fez presente, testemunhando e anunciando os avanços na medicina, tecnologia e muitas outras áreas. O rádio também revelou muitos talentos no esporte, teatro, literatura e cultura geral.

O ouvinte de rádio também mudou muito ao longo dos anos. No início, o receptor era um artigo de luxo, restrito às famílias de posses. Contudo, em pouco tempo, a evolução tecnológica reduziu os custos de produção e o aparelho se transformou em um veículo de comunicação de massa. O rádio cativou multidões e estimulou o consumo. Em todo o mundo, milhares de pessoas passaram a ouvir rádio em busca de notícias, esportes e entretenimento. No Brasil, as radionovelas encantaram muitas famílias com suas histórias transmitidas ao vivo dos teatros e auditórios espalhados pelo país.

As ondas curtas (SW em inglês) surgiram como uma opção na chave seletora de banda nos aparelhos receptores. Nos anos 60, centenas de emissoras de rádio povoavam as frequências de ondas curtas em todo o mundo. Emissoras nacionais e internacionais revezavam seus esquemas de transmissão, alternando idiomas e horários para maximizar o público ouvinte em âmbito local, regional e global. O objetivo político e econômico também era considerado e, de acordo com o público-alvo, a programação das emissoras de ondas curtas mudava radicalmente.

E no século XXI? O que mudou? A rede mundial de computadores e a digitalização do conteúdo da programação aceleraram mudanças radicais nas comunicações via rádio, em geral, não apenas nas ondas curtas. As grandes redes de comunicação embarcaram rapidamente nessa metamorfose, reduzindo drasticamente seus custos operacionais. Estúdios e redações de grandes emissoras foram enxugados e deixaram muitos jornalistas, locutores e operadores sem empregos.

Esse fenômeno teve início nos anos 2000 e provocou a desativação de diversas emissoras de ondas curtas. Os serviços ou programas de idiomas internacionais que sobreviveram buscam um público muito específico, com intenções e objetivos muito claros. As emissoras asiáticas transmitem seus programas para populações isoladas em ilhas de arquipélagos distantes. As emissoras árabes buscam as comunidades nos territórios desérticos do continente. Na América Latina, a Rádio Martí, por exemplo, produz conteúdo dedicado ao povo cubano, mas com uma visão política provocativa incontestável. A Rádio Havana faz o contraponto, sustentando a interpretação dos fatos mundiais considerando o regime político vigente na ilha caribenha.

É vantajoso fazer propaganda política e ideológica pelas ondas curtas no século XXI?

A Rádio Internacional do Irã anunciou, recentemente, o encerramento das transmissões em ondas curtas. Por que isso aconteceu? Nos últimos anos, a emissora cresceu muito e deixou de ser apenas um canal de rádio e se transformou em uma gigante multimídia, produzindo conteúdo exclusivo para o público muçulmano. No século XXI, a internet oferece música, esportes e notícias sob demanda. O ouvinte não precisa esperar o melhor horário da propagação do sinal de rádio para saciar sua vontade de entretenimento.

Na Segunda Gerra Mundial, durante a Guerra Fria, entre outros episódios, o rádio era a voz dominante. Ainda pode ser para ilhas no pacífico, povos árabes ou comunidades da Amazônia. Contudo, no século XXI, o ringue ideológico é outro, as sustentações orais de argumentos políticos ocorrem nas mídias sociais. As eleições recentes de muitos países já demonstraram que o púlpito virtual mudou de arena.

Não é por acaso que muitas nações querem o controle da internet, das mídias sociais e da tecnologia. A guerra pelo controle do mundo virtual está acontecendo neste momento, diante de nossos olhos, onde grandes corporações e governos brigam pela definição do padrão de telefonia móvel 5G. Rádio, televisão, internet, mensagens, bancos, negócios, tudo está literalmente em nossas mãos.

E as ondas curtas? Atualmente, as comunicações em ondas curtas não mobilizam massas e não produzem consumo. São dois pilares fundamentais para sustentarem a radiodifusão, seja em FM, AM ou em ondas curtas.

O saudosismo puro de radioescuta não vai salvar as ondas curtas. Nenhum radiodifusor vai investir em conteúdo, ou ter despesas, para transmitir algum programa em SW por mero altruísmo. O rádio AM, FM ou SW depende de patrocínio e, sem vender espaços para propaganda, não há retorno financeiro. Se o público é pequeno, não há interesse dos patrocinadores.

E o que sobrou nas ondas curtas? Poucas emissoras privadas de SW que vendem espaços para produções independentes, ao custo médio de US$ 1,00 por minuto. Os programas, em geral, são financiados por grupos religiosos, Terraplanistas ou Radioescutas saudosistas que divulgam suas pautas e temas pontualmente, para pequenos públicos especializados. Eles sobrevivem de ações voluntárias ou das doações de seus admiradores. Em alguns casos, as vendas de materiais promocionais também impulsionam pequenos "nichos de mercado" que ajudam a subsidiar os programas independentes.

As rádios piratas também estão presentes no *dial* das ondas curtas. Essas emissoras possuem alcance limitado e, em geral, são produzidas artesanalmente. Pessoas apaixonadas pelo rádio em ondas curtas fabricam seus transmissores ou modificam equipamentos de radioamador para transmissão nas bandas comerciais. Neste caso, assumem o risco de responderem por um crime federal em nome da paixão pelo rádio.

O Rádio Digital será o novo Messias do século XXI? Não existem milagres! Não há Messias para salvar o rádio nas ondas curtas. Muito menos no AM! É preciso ser cético e interpretar os fatos históricos ao longo dos últimos anos. A tecnologia e internet promoveram baixas significativas em diferentes segmentos do mundo moderno e, no rádio SW e MW, o estrago foi irreversível. Não tem como negar ou ignorar! As emissoras SW e MW que restaram não possuem público suficiente para ser chamado de "massa". É uma ilusão considerar a possibilidade de impor aos radiodifusores os custos com a migração dos transmissores digitais para alcançarem uma audiência limitada.

E o público? É outra incógnita. Os ribeirinhos da Amazônia ou as comunidades da África, as pessoas que ainda consomem rádio em ondas curtas, estão dispostos a pagar mais pelo rádio digital? Eles podem pagar? Quem vai subsidiar a migração? Qual o ganho efetivo dessa mudança?

Avocar o interesse público das comunicações em MW e SW pode ser uma alternativa. Durante a pandemia do COVID-19 ficou clara a exclusão digital em todo o mundo. Não há energia elétrica regular, haveria internet? E não basta ter internet nas comunidades, ela precisa ser de qualidade. Por isso, só as emissoras de rádio MW e SW chegaram nos lares mais isolados na Amazônia, e na África, durante a pandemia. O rádio manteve, precariamente, o funcionamento de muitas escolas pelo mundo afora.

Mas não se iluda radioescuta! No século XXI, a manutenção de emissoras em ondas curtas ou AM com interesse público seria algo pontual, de contingência. A operação das emissoras estatais não tem por objetivo fazer promoção política ou ideológica, muito menos vender algum produto, mas promover a cultura e o conhecimento. Eventualmente, apoiar o Estado, em catástrofes naturais, eleições ou pandemias, transmitindo boletins informativos ou orientações médicas para a população. É a voz do Estado orientando o cidadão. A Rádio Nacional da Amazônia e a Rádio Inconfidência são bons exemplos de emissoras estatais, estratégicas, com abrangência nacional e regional que devem sobreviver no século XXI.

Publicado em 23 de outubro de 2020

O RÁDIO NO SÉCULO XXI

Previsões não faltam para decretarem o fim da radiodifusão no Brasil e no mundo. A primeira ameça foi a televisão e, depois de algum tempo, a internet. O público ouvinte de rádio AM, FM e ondas curtas encolheu significativamente, mas não desapareceu. De acordo com a Pesquisa Nacional por Amostra de Domicílio (PNAD), do Instituto Brasileiro de Geografia e Estatística (IBGE), houve mudanças significativas nos padrões de vida da população. Entre essas mudanças, nos últimos anos, descobriu-se que o aparelho de rádio está desaparecendo das casas brasileiras.

Entre 2001 e 2009, em média, o aparelho não existia na casa de 12% da população. A partir de 2011, o número de famílias que não tinha rádio em casa começou a aumentar de maneira acentuada. Em 2013, cerca de 24% das famílias brasileiras não possuía rádio em casa e, em 2015, esse percentual aumentou para 30%.

Este fenômeno pode ser explicado com a popularização da internet e do telefone móvel. Os dados da PNAD/IBGE-2018 mostram que a internet e o telefone móvel já estavam presentes em mais de 79% das casas dos brasileiros.

A maior parcela dos domicílios com acesso à telefonia móvel e internet está concentrada nas áreas urbanas das grandes metrópoles. Por isso, de acordo com a Associação Brasileira de Emissoras de Rádio e Televisão (ABERT), ainda existe demanda para rádio e televisão nas áreas rurais.

As comunidades isoladas da Amazônia, ou quilombolas do Vale do Jequitinhonha, em Minas Gerais, fazem parte do grupo de 20% da população brasileira que não utiliza internet devido à indisponibilidade do serviço em sua região. Para essas famílias, o rádio continua sendo um importante aliado.

É um público pulverizado no território nacional, em localidades de difícil acesso e infraestrutura precária. Nessas comunidades carentes, e de baixa renda, os indicadores de qualidade de vida não são promissores e as famílias dependem de auxílio governamental para subsistência.

O suporte do Estado é importante e, por isso, o serviço de radiodifusão pública deve ser entendido como parte integrante da infraestrutura de apoio aos brasileiros que vivem nas áreas isoladas do território nacional. O rádio público é a voz do Estado, informando, orientando e auxiliando o cidadão de maneira rápida e eficiente.

Para alcançar todos os brasileiros no território nacional é preciso investir na infraestrutura tecnológica das emissoras públicas. Os transmissores de rádio em ondas médias (MW), ondas curtas (SW) e frequência modulada (FM) são essenciais para manter a cobertura do sinal em todo o país. As bandas de frequências diversificadas possuem características próprias e, de acordo com a região, fazem chegar a mensagem ao ouvinte mais distante.

As emissoras de FM estão restritas às áreas urbanas, com a cobertura limitada do sinal. As emissoras de rádio MW possuem abrangência regional, predominantemente no período noturno. As emissoras SW, por sua vez, possuem alcance nacional e, de acordo com a banda, a cobertura se alterna ao longo do dia.

No Brasil, a Rádio Nacional da Amazônia é a emissora estatal com maior relevância estratégica. Os transmissores estão localizados na região Centro-Oeste do país e suas antenas irradiam a programação para todo o território nacional em ondas curtas. O público-alvo são as comunidades isoladas na Amazônia.

Em Minas Gerais, a Rádio Inconfidência é uma importante referência histórica em radiojornalismo e cultura. Para cobrir todo o território mineiro, ela também opera em MW e ondas curtas. Os rincões mais isolados do estado mineiro recebem o "Gigante do Ar" em alto e bom som.

O aparelho de rádio está se integrando aos novos dispositivos eletrônicos e deixando de existir nas casas dos brasileiros. A tecnologia promoveu muitas mudanças nos últimos anos, mas não foi suficiente para erradicar a desigualdade no mundo. Ainda existem famílias que dependem do rádio e isso não pode ser ignorado.

Publicado em 30 de outubro de 2020

CARTÃO POSTAL DA RÁDIO TAIWAN INTERNACIONAL

ONDAS CURTAS E AS PLATAFORMAS DIGITAIS

Entre 2001 e 2015, o número de famílias brasileiras sem aparelhos receptores de rádio em casa saltou de 12% para 30% da população. Isso significa dizer que 63 milhões de pessoas no Brasil não têm um aparelho de rádio em casa. Elas continuam ouvindo rádio regularmente, mas utilizando outra plataforma.

A Pesquisa Nacional por Amostra de Domicílio (PNAD), do Instituto Brasileiro de Geografia e Estatística (IBGE), realizada em 2018, verificou que 99,2% das residências brasileiras possui telefone celular. As pessoas não deixaram de ouvir a programação do rádio, apenas migraram para outra plataforma.

O telefone móvel é o meio de comunicação predominante no século XXI. Os dados da PNAD/IBGE-2018 demonstraram que 80,2% da conexão por banda larga no país é realizada com telefone celular. Neste pequeno dispositivo, todas as plataformas multimídia convergem na tela do usuário, na palma de sua mão. A qualquer tempo é possível ler as notícias, ouvir a música predileta, enviar uma mensagem para o trabalho, pedir uma pizza ou acompanhar os resultados da rodada esportiva. Tudo em um único dispositivo.

Não é por acaso que as emissoras de rádio e televisão migraram para as plataformas digitais e estão produzindo conteúdos multimídia de áudio e vídeo. É um fenômeno que começou nos anos 2000 e, com o avanço da tecnologia embarcada nos telefones móveis, diversos dispositivos se transformaram em artigos de museu. Câmeras fotográficas, relógios despertadores, entre muitos outros equipamentos eletrônicos que foram incorporados aos *smartphones*. O rádio também foi engolido pela tecnologia e, atualmente, é possível ouvir emissoras FM utilizando o *hardware* do telefone celular ou qualquer outra emissora do mundo por meio de aplicativos gratuitos.

A indústria de eletroeletrônicos teve que se adaptar para sobreviver. Inúmeras empresas modificaram as linhas de produção ou fecharam as portas. Os fabricantes de aparelhos de rádio, assim como de câmeras fotográficas, viram seus mercados encolherem drasticamente. A estratégia da indústria de eletrônicos foi se especializar no segmento com maior demanda e impulsionar suas vendas. Em alguns casos, os fabricantes se alinharam com nichos de mercados, produzindo menos aparelhos, com maior qualidade e agregando valor.

O mercado de rádios receptores de ondas curtas é um desses nichos de mercado. A concorrência é limitada e o mercado consumidor é cativo. A internet e os telefones móveis atropelaram a indústria de aparelhos de rádio receptores para uso doméstico. Contudo, sem interferir radicalmente no comportamento dos apreciadores especializados de rádio: os radioescutas e radioamadores.

Todos os anos, a indústria de rádios receptores de ondas curtas lança um equipamento novo. Os fabricantes dos rádios em ondas curtas, e equipamentos de radioamador que se incluem nesse mercado, também foram impactados pelas mudanças da tecnologia, mas souberam amortizar o impacto. A tecnologia trouxe redução de custos e novos recursos que encantaram os consumidores. Painéis digitais sensíveis ao toque, *Bluetooth*, cartões de memória para gravação, entre outros mimos que estão disponíveis nos equipamentos de radioescutas e radioamadores. Neste mercado não há disputa por preços, vence quem oferece o melhor produto.

A tecnologia não é a vilã para o público especializado, ela é uma aliada. Porém, o desafio agora é outro! A maior parte dos atuais radioescutas e radioamadores está envelhecendo e o *hobby* não está atraindo o público mais jovem.

Os jovens que nasceram a partir do ano 2000, cerca de 30% dos brasileiros de acordo com o IBGE, vivem em um mundo onde o telefone móvel disponibiliza comunicação, educação, informação e entretenimento de maneira ágil e eficiente. Eles não precisam de uma caixinha que sirva apenas para reproduzir músicas ou notícias em suas casas.

A caixinha que emite som, o rádio, evoluiu e se transformou em uma *smart box* que toca música ou apaga a luz do seu quarto pelo comando de voz. O assistente virtual de uma *smart box* atua como alarme despertador, ou secretária, para realização de chamadas telefônicas ou envio de mensagens. Ele também sintoniza a emissora de rádio que pedir pelo comando de voz. As *smart boxes* estão se popularizando rapidamente, com forte tendência para integração com todos os dispositivos residenciais (Internet das Coisas – IoT).

Nos dias atuais, os conteúdos de rádio ou televisão são transmitidos simultaneamente nas plataformas digitais e os espectadores podem reproduzi-los quando for mais conveniente. Os jovens não se prendem ao meio de comunicação, isto é, não esperam a emissora de rádio tocar a música predileta, eles buscam o título nos aplicativos *Spotify* ou *Deezer* e montam a sua própria *playlist*.

Os conteúdos do rádio ficam armazenados em servidores virtualizados, na nuvem, e disponibilizados sob demanda em diferentes plataformas multimídias. Os programas ao vivo também utilizam essa infraestrutura e o custo de distribuição é reduzido a patamares ínfimos, com alcance ilimitado.

O rádio de uso doméstico nasceu como um aparelho dedicado para sintonia de emissoras, uniu-se a outros recursos como toca discos, gravadores de fita k7, CDs, depois virou *micro system*, e agora, ele foi para o céu e está na nuvem. Ir para nuvem quer dizer que ele está deixando de existir fisicamente como aparelho eletrônico, para fazer parte do mundo virtual.

Publicado em 6 de novembro de 2020

CARTÃO DA RÁDIO FRANÇA INTERNACIONAL

O RÁDIO DIGITAL VAI SALVAR AS ONDAS CURTAS?

O rádio digital é a última fronteira para as ondas curtas e, para muitos apreciadores das comunicações, é a possibilidade de um recomeço dos anos dourados do rádio. A substituição de equipamentos analógicos por sistemas digitais também pode fomentar novos empregos especializados, abrir vagas para engenheiros e técnicos, criar demanda por cursos profissionalizantes e aquecer as linhas de produção das fábricas de equipamentos.

No Brasil, em dezembro de 2020, em meio a pandemia de Covid-19, inúmeros radioescutas reportaram um sinal com tecnologia DRM (*Digital Radio Mondiale*) na banda de 25 metros transmitindo música brasileira. Ouvintes dos Estados Unidos e Europa também reportaram a sintonia do sinal digital nas mídias sociais. As páginas especializadas e *blogs* divulgaram os testes na internet e, no final de dezembro, o Prof. Plínio Aguiar, da Universidade de Brasília, descreveu os ensaios em andamento:

"Estamos transmitindo experimentalmente o sinal DRM em 11.910 kHz com apoio de frequência e antena da EBC na figura do Eng. Ismar do Vale: "A EBC está participando através de suporte de infraestrutura (antenas do Parque de Transmissão do Rodeador da EBC) e utilização de frequências licenciadas para o Projeto Infovia Digital em HF idealizado pelo MCTI em parceria com o Departamento de Engenharia Elétrica da Universidade de Brasília. As transmissões utilizam a tecnologia digital padrão DRM". As transmissões iniciaram oficialmente

em 02/12/2020. Esperamos finalizar o experimento em 90 dias. Trata-se de um projeto da Universidade de Brasília (UnB) que se tornou possível graças a um Termo de Descentralização de Recursos advindo do Ministério da Ciência, Tecnologia e Inovações para UnB. Tal recurso possibilitou a aquisição de um protótipo desenvolvido com tecnologia Nacional. O objetivo da pesquisa é avaliar a propagação ionosférica de sinais digitais no sentido transequatorial, salvo melhor conhecimento, é um assunto inédito. Esperamos receber contribuições da qualidade do sinal recebido, que consolidará o estudo em curso." Prof. Plinio Ricardo Ganime Alves, por e-mail, de 17 de dezembro de 2020.

O sinal digital no *dial* dos receptores brasileiros despertou outra discussão entre os radioescutas e profissionais do rádio, mais profunda e complexa, que está associada ao acesso da população à informação e entretenimento de maneira gratuita. Essa pauta vai além da escolha de um padrão tecnológico de rádio digital entre os burocratas em Brasília/DF. Atualmente, o maior concorrente do rádio é o telefone celular. No dispositivo portátil é possível ouvir o noticiário, ver um videoclipe ou acompanhar uma partida de futebol. Tudo isso utilizando a internet como meio de comunicação. A rede mundial não é um meio de comunicação gratuito e é comercializado pelas empresas de telefonia móvel.

O rádio AM, FM ou ondas curtas disponibiliza informação e entretenimento para os brasileiros sem nenhuma cobrança de mensalidade ou tarifas. O ouvinte adquire um receptor de rádio nas lojas de eletrônicos e sintoniza a emissora desejada sem pagar nenhuma tarifa. Esse recurso também está disponível parcialmente nos telefones celulares, que possuem receptores de rádio FM incorporados em suas placas eletrônicas. O custo de instalação é muito pequeno, uma vez que a tecnologia analógica está difundida há muito tempo. No Brasil, são mais de 200 milhões de telefones celulares com rádio FM.

As companhias de telecomunicações estão de olho nesse mercado e, não é por acaso, que já manifestaram o interesse em descontinuar a fabricação de telefones celulares com receptores de rádio inclusos. Desse modo, os ouvintes utilizariam apenas os recursos de internet para terem acesso aos programas de rádio. Essa limitação tecnológica aumentaria a demanda pelos serviços de multimídia (*streaming*).

Os defensores do rádio digital, por sua vez, argumentam que os novos recursos disponibilizados pelas plataformas digitais poderiam aumentar o interesse dos ouvintes, sem nenhum custo adicional e, ao mesmo tempo, fomentar o crescimento do rádio no Brasil e no mundo. Contudo, na atualidade, existem inúmeros obstáculos que inviabilizam a popularização dos sistemas de rádio digital. Os radiodifusores perdem receita todos os dias, pois o público ouvinte está encolhendo e os patrocinadores não investem em anúncios. Os equipamentos receptores digitais possuem preços elevados, concorrendo com telefones móveis e caixas de som inteligentes (*smart speaker*). Os programas de rádio *web* ao vivo e gravados (*podcast*) alcançam públicos jovens e fidelizam novos ouvintes. Por fim, as novas tecnologias de telefonia móvel superam as taxas de transmissão de dados das gerações anteriores, apresentando recursos mais rápidos e confiáveis que cativam os usuários.

E a internet? O modelo de prestação de serviço de telecomunicações predominante no Brasil, e no mundo, cobra pela utilização dos dados. O acesso dos telefones móveis à rede mundial de computadores é viabilizado por um conjunto de antenas que foi instalado por empresas privadas. Os custos e, principalmente o lucro, é rateado entre os assinantes dos pacotes de dados comercializados pelas companhias de telecomunicações.

Os ouvintes, ou telespectadores das plataformas digitais, também pagam pelos programas de rádio ou televisão que são fornecidos pela internet. A segregação digital cria classes de consumidores de mídia de acordo com a sua capacidade financeira. Na televisão ou na internet, só tem acesso aos conteúdos de boa qualidade as pessoas que podem pagar pelos serviços. E o rádio digital? Será mais um elemento de inclusão ou exclusão digital em nossa sociedade?

A digitalização das comunicações está acontecendo em diferentes segmentos e isso ocorre por causa de fatores que associam o comportamento social, viabilidade econômica e critérios técnicos. Portanto, a discussão sobre a implantação da radiodifusão digital vai além da definição de uma tecnologia nos gabinetes em Brasília/DF. Não são os padrões DRM ou DAB que vão induzir o crescimento da radiodifusão. Ao contrário, a imposição atabalhoada da migração do rádio analógico para um sistema digital que não possui um projeto nacional de investimentos ou fabricação de receptores de baixo custo poderá acelerar o desinteresse dos ouvintes pelo rádio. O sinal de rádio aberto, assim como a televisão, sem custos ao consumidor final, é a garantia do acesso livre à informação e entretenimento para todos os brasileiros. E a internet, está acessível para todos os brasileiros?

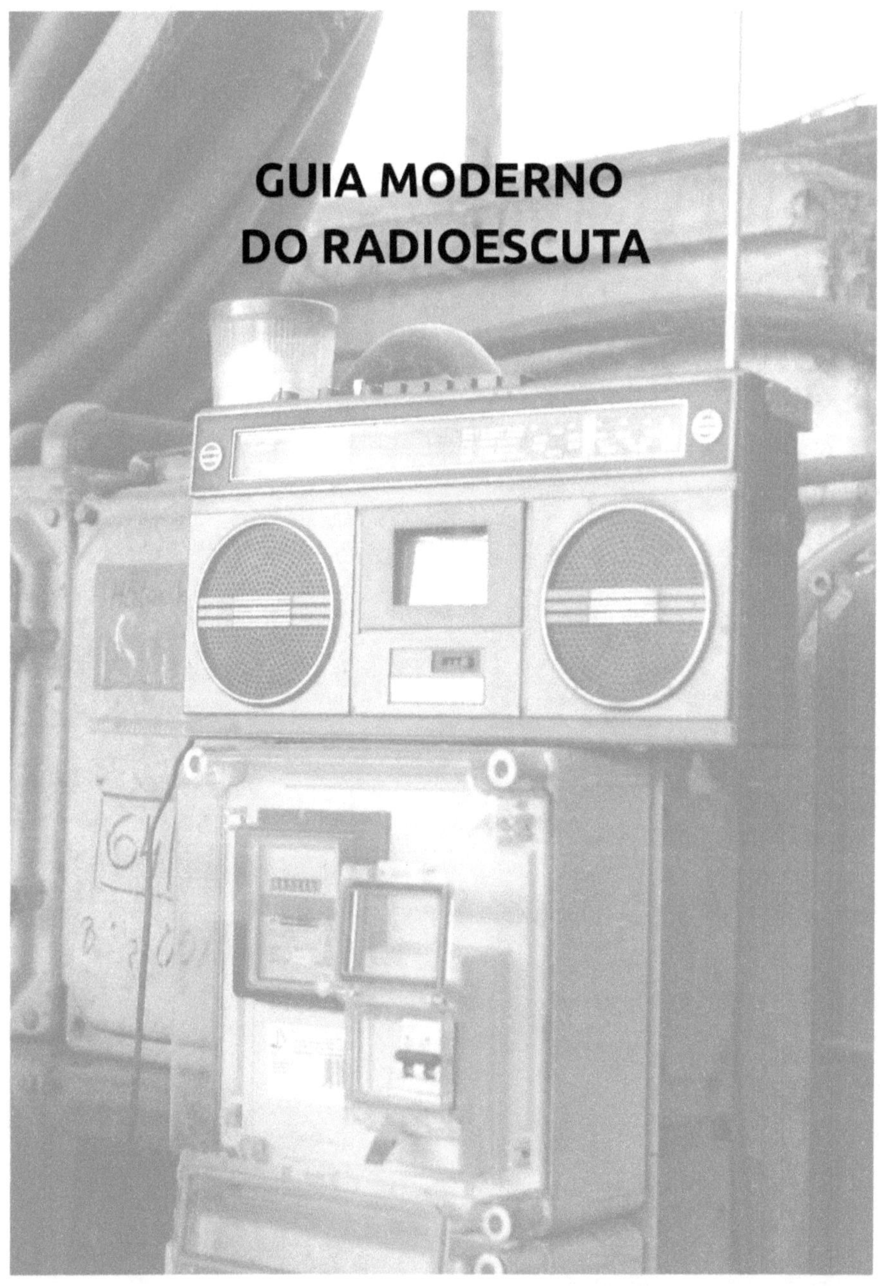
GUIA MODERNO
DO RADIOESCUTA

GUIA MODERNO DO RADIOESCUTA

Reunimos as informações técnicas mais relevantes para realização de escutas de emissoras de rádio em ondas médias, ondas curtas e ondas tropicais neste guia prático. Também apresentamos recursos que são úteis para o monitoramento de radiofrequências em outras bandas de comunicação.

É um material de consulta rápida, utilizado para introdução e preparação do leitor ao mundo da radioescuta. O ouvinte experiente também pode utilizar o conteúdo para revisão, relembrando conceitos básicos, que são muito importantes para o monitoramento de sistemas de comunicação.

A internet disponibiliza conteúdo de excelente qualidade, gratuitamente, e por isso, aproveitamos para indicar a literatura complementar sobre o tema. Utilize este livro como um guia para orientar seus estudos e ampliação do conhecimento. Também apresentamos, ao final, outras fontes de consulta nas plataformas digitais e, mais importante, livros que descrevem a história do radioescuta no Brasil e no mundo.

MODELO DE REGISTRO DE ESCUTAS

Nome	
Endereço	
E-mail	
Receptor	
Antena	
Condições atmosféricas	
Data	

Horário (UTC)	Banda (m)	Frequência (kHz)	S	I	N	P	O	Emissora	Programação

Fonte: Autor.

CÓDIGO SINPO

Escala	S	I	N	P	O
	Sinal	Interferência	Ruído	Propagação	Outros fatores
5	Excelente	Nenhuma	Nenhum	Nenhuma	Excelente
4	Muito bom	Leve	Leve	Leve	Muito bom
3	Bom	Moderada	Moderado	Moderada	Bom
2	Fraco	Severa	Severo	Severa	Fraco
1	Muito fraco	Extrema	Extremo	Extrema	Muito fraco

Descrição do Código SINPO

S	Sinal	É o nível de sinal de RF recebido no rádio receptor. Alguns receptores exibem o nível de sinal em diferentes escalas, sendo decibéis a mais comum.
I	Interferência	São sinais detectados pelo radioescuta que interferem na recepção da emissora. Em geral, emissoras que transmitem nos canais adjacentes (não intencional) ou sinais intencionais, gerados para impedir a escuta da emissora (*jamming*).
N	Ruído	São sinais aleatórios, gerados de maneira natural na atmosfera (eletricidade estática ou descargas atmosféricas) ou produzidos pelo homem (fábricas, iluminação pública, etc.).
P	Propagação	Descrição das condições da propagação do sinal de rádio, informando a variação do sinal de rádio enquanto viaja pelo espaço. Este fenômeno é denominado desvanecimento (*fading*).
O	Outros fatores	Expressa a avaliação geral da escuta da emissora.

Fonte: [1]

CÓDIGO MORSE

A	.-	M	--	Y	-.--	6	-....
B	-...	N	-.	Z	--..	7	--...
C	-.-.	O	---	Ä	.-.-	8	---..
D	-..	P	.--.	Ö	---.	9	----.
E	.	Q	--.-	Ü	..--	@	.--.-.
F	..-.	R	.-.	Ch	----	.	.-.-.-
G	--.	S	...	0	-----	,	--..--
H	....	T	-	1	.----	?	..--..
I	..	U	..-	2	..---	!	..--.
J	.---	V	...-	3	...--	:	---...
K	-.-	W	.--	4	....-	=	-...-
L	.-..	X	-..-	5	.....	&	.-...

Roteiro Sugerido para Memorização

<table>
<tr><td colspan="9">Traço</td><td colspan="8">Ponto</td></tr>
<tr><td colspan="9">T</td><td colspan="8">E</td></tr>
<tr><td colspan="5">M</td><td colspan="4">N</td><td colspan="3">A</td><td colspan="5">I</td></tr>
<tr><td colspan="3">O</td><td colspan="2">G</td><td colspan="2">K</td><td colspan="2">D</td><td colspan="2">W</td><td>R</td><td colspan="2">U</td><td colspan="3">S</td></tr>
<tr><td rowspan="2">0</td><td rowspan="2">9</td><td rowspan="2">8</td><td rowspan="2">Q</td><td>Z</td><td rowspan="2">Y</td><td rowspan="2">C</td><td rowspan="2">X</td><td>B</td><td>J</td><td rowspan="2">P</td><td rowspan="2">L</td><td></td><td rowspan="2">F</td><td>V</td><td colspan="2">H</td></tr>
<tr><td>7</td><td>6</td><td>1</td><td>2</td><td>3</td><td>4</td><td>5</td></tr>
</table>

Fonte: [2].

ALFABETO FONÉTICO

Letra	Internacional	1ª Guerra Mundial	Brasil
A	ALPHA	AMSTERDAM	AFIR
B	BRAVO	BALTIMORE	BALA
C	CHARLIE	CASABLANCA	CRUZ
D	DELTA	DANEMARK	DEDO
E	ECHO	EDISON	ELMO
F	FOXTROT	FLORIDA	FACE
G	GOLF	GALLIPOLI	GATO
H	HOTEL	HAVANA	HORA
I	INDIA	ITALIA	INTE
J	JULIETT	JERUZALEM	JÓIA
K	KILO	KILOGRAMME	KILO
L	LIMA	LIVERPOOL	LUAR
M	MIKE	MADAGASCAR	MARÉ
N	NOVEMBER	NEW YORK	NEGA
O	OSCAR	OSLO	ONDA
P	PAPA	PARIS	PREP
Q	QUEBEC	QUÉBEC	QUER
R	ROMEO	ROMA	RATA
S	SIERRA	SANTIAGO	SOLO
T	TANGO	TRIPOLI	TUPY
U	UNIFORM	UPSALA	URSO
V	VICTOR	VALENCIA	VIGA
W	WISKEY	WASHINGTON	VEVÊ
X	X-RAY	XANTHIPPE	XARÁ
Y	YANKEE	YOKOHAMA	YOLE
Z	ZULU	ZÜRIK	ZAGA

Fonte: [3].

ALGARISMS

Algarismo	INTERNACIONAL		BRASIL	
	Código	**Pronúncia**	**Código**	**Pronúncia**
1	UNAONE	OO-NAH-WUN	UM	UM
2	BISSOTWO	BEES-SOH-TOO	DOIS	DO-IS
3	TERRATHREE	TAY-RAH-TREE	TRÊS	TRÊS
4	KARTEFOUR	KAR-TAY-FOWER	QUATRO	QUA-TRO
5	TERRATHREE	PAN-TAH-FIVE	CINCO	CIN-CO
6	SOXISIX	SOK-SEE-SIX	MEIA DÚZIA	MEIA-DU-ZI-A
7	SAYTAYSEVEN	SAY-TAY-SEVEN	SETE	SE-TÊ
8	OKTOEIGHT	OK-TOH-AIT	OITO	O-I-TÔ
9	NOVENINE	NO-VAY-NINER	NOVE	NÓ-VE
0	NADAZERO	NAH-DAH-ZAY-ROH	ZERO	ZE-RO

Fonte: [4], [5].

CÓDIGO Q

Código	Pergunta	Resposta
QRA	Qual o nome operador?	O meu nome é ...
QRB	A qual distância aproximada você está da minha estação?	A distância aproximada entre nossas estações é... milhas náuticas (ou quilômetros)
QRC	Que organização particular (ou administração estadual) liquida as contas de sua estação?	A liquidação das contas da minha estação está sob o encargo da organização particular... (ou da administração estadual...)
QRD	Aonde vai e de onde vem?	Vou a... e venho de...
QRF	Está regressando de algum lugar?	Estou regressando de...
QRG	Qual é minha frequência exata (ou frequência exata de...)?	Sua frequência exata (ou frequência exata de...) é... kHz (ou... MHz).
QRJ	Quantas chamadas radiotelefônicas você tem para despachar?	Eu tenho... chamadas radiotelefônicas para despachar.
QRK	Qual a clareza dos meus sinais (ou de...)?	A clareza de seus sinais (ou dos sinais de)
QRL	Você está ocupado?	Estou ocupado (ou ocupado com...).Favor não interferir
QRM	Está sendo interferido?	Sofro interferência
QRN	Está sendo perturbado por estática?	Estou sendo perturbado por estática

Fonte: [6].

DISTRIBUIÇÃO GERAL DO CÓDIGO Q

QAA à QNZ	Uso aeronáutico
QNA à QNZ	Uso restrito
QOA à QQZ	Uso marítimo
QRA à QUZ	Serviços de telecomunicações

Fonte: [6].

MAPA DE ALOCAÇÃO DE FREQUÊNCIAS

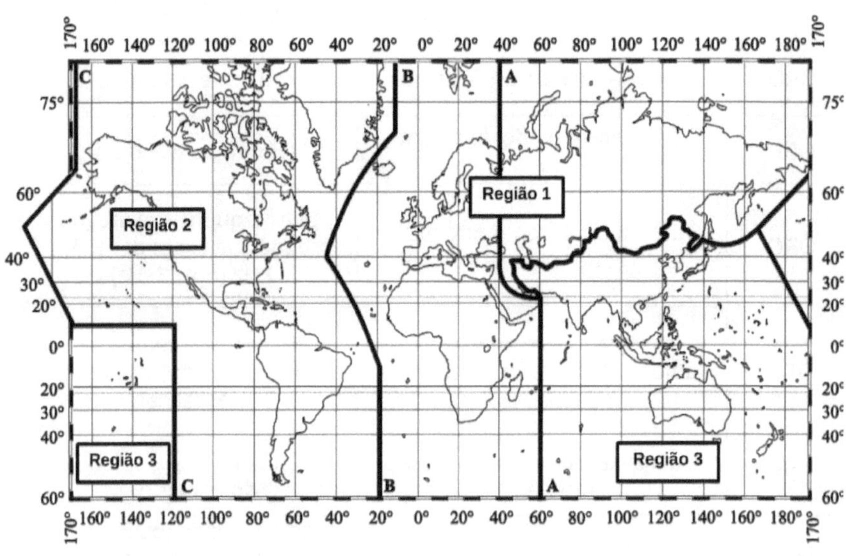

Fonte: [7].

CONVERSÃO DE FUSO HORÁRIO

UTC	Brasília (UTC -3)	Manaus (UTC-4)	Rio Branco (UTC -5)	Fernando de Noronha (UTC -2)
00:00	21:00	20:00	19:00	22:00
01:00	22:00	21:00	20:00	23:00
02:00	23:00	22:00	21:00	00:00
03:00	00:00	23:00	22:00	01:00
04:00	01:00	00:00	23:00	02:00
05:00	02:00	01:00	00:00	03:00
06:00	03:00	02:00	01:00	04:00
07:00	04:00	03:00	02:00	05:00
08:00	05:00	04:00	03:00	06:00
09:00	06:00	05:00	04:00	07:00
10:00	07:00	06:00	05:00	08:00
11:00	08:00	07:00	06:00	09:00
12:00	09:00	08:00	07:00	10:00
13:00	10:00	09:00	08:00	11:00
14:00	11:00	10:00	09:00	12:00
15:00	12:00	11:00	10:00	13:00
16:00	13:00	12:00	11:00	14:00
17:00	14:00	13:00	12:00	15:00
18:00	15:00	14:00	13:00	16:00
19:00	16:00	15:00	14:00	17:00
20:00	17:00	16:00	15:00	18:00
21:00	18:00	17:00	16:00	19:00
22:00	19:00	18:00	17:00	20:00
23:00	20:00	19:00	18:00	21:00

Fonte: [8].

ESPECTRO DE FREQUÊNCIAS

Sigla	Denominação	Frequência	Comprimento de Onda (λ)	Aplicação
LF	*Low Frequency*	30 a 300 kHz	10 km – 1 km	Radionavegação
MF	*Medium Frequency*	300 kHz a 3 MHz	1 km – 100 m	Radiodifusão Radionavegação
HF	*High Frequency*	3 a 30 MHz	100 m – 10 m	Radioamador Radiodifusão Meteorologia
VHF	*Very High Frequency*	30 a 300 MHz	10 m – 1m	Radiodifusão Radioamador Televisão
UHF	*Ultra High Frequency*	300 MHz a 3 GHz	1 m – 10 cm	Radioamador Radiodifusão Telefonia Televisão
SHF	*Super High Frequency*	3 a 30 GHz	10 cm – 1 cm	Radar Radioamador Radiodifusão Satélite Televisão Telefonia

Fonte: [9].

BANDAS DE MONITORAMENTO EM LF, MF E HF

Banda (m)	Frequência (kHz)	Classificação	Serviço Predominante
LF	30 – 300	Ondas Longas	Radionavegação
MF	525 – 1.605	Ondas Médias	Radiodifusão em Amplitude Modulada (AM)
120	2.300 – 2500	Ondas Tropicais	Radiodifusão
90	3.200 – 3.400	Ondas Tropicais	Radiodifusão
80	3.500 – 4.000	Ondas Tropicais	Radioamador
60	4.750 – 4.995	Ondas Tropicais	Radiodifusão
49	5.900 – 6.200	Ondas Curtas	Radiodifusão
40	7.000 – 7.300	Ondas Curtas	Radioamador
41	7.300 – 7.450	Ondas Curtas	Radiodifusão
31	9.400 – 9.900	Ondas Curtas	Radiodifusão
25	11.600 – 12.100	Ondas Curtas	Radiodifusão
22	13.570 – 13.870	Ondas Curtas	Radiodifusão
20	14.000 – 14.350	Ondas Curtas	Radioamador
19	15.100 – 15.830	Ondas Curtas	Radiodifusão em Ondas Curtas
16	17.480 – 17.900	Ondas Curtas	Radiodifusão em Ondas Curtas
15	18.900 – 19.200	Ondas Curtas	Radiodifusão em Ondas Curtas
13	21.450 – 21.850	Ondas Curtas	Radiodifusão em Ondas Curtas
11	25.670 – 26.100	Ondas Curtas	Rádio do Cidadão (PX)
10	28.000 – 29.700	Ondas Curtas	Radioamador

Fonte: [10].

BANDAS DE MONITORAMENTO EM VHF E UHF

Banda	Frequência (MHz)	Denominação	Serviço Predominante
6 m	50 – 54	VHF	Radioamador
FM	76 – 88		FM Estendido
	88 – 108		FM Tradicional
2,5 m	118 – 136		Aviação
2 m	144 – 148		Radioamador
1,3 m	220 – 225		Radioamador
70 cm	430 – 440	UHF	Radioamador

Fonte: [11].

CONVERSÃO DE UNIDADES DE FREQUÊNCIA

Unidade	Hertz (Hz)	Kilo-hertz (kHz)	Mega-hertz (MHz)	Giga-hertz (GHz)	Tera-hertz (THz)
1 Hertz	1	0,001	0,000001	0,000000001	0,000000000001
1 kHz	1.000	1	0,001	0,000001	0,000000001
1 MHz	1.000.000	1.000	1	0,001	0,000001
1 GHz	1.000.000.000	1.000.000	1.000	1	0,001
1 THz	1.000.000.000.000	1.000.000.000	1.000.000	1.000	1

Fonte: Autor.

A PROPAGAÇÃO DAS ONDAS DE RÁDIO

Modos de Propagação

Modo de Propagação	Descrição	Banda
Terrestre ou de Superfície	Sinais radioelétricos com frequência de até 3MHz e que se propagam sobre a superfície da Terra	Ondas Longas e Médias (LW e MN)
Reflexão ou Refração Ionosférica	Ondas eletromagnéticas que mudam a direção de propagação ao passarem pelas camadas da atmosfera que são ionizadas pela radiação solar	Ondas Curtas (HF)
Visada Direta	Ondas eletromagnéticas com frequências muito altas e comprimento muito pequeno para serem refletidas ou refratadas de volta para a superfície da Terra	Alta Frequência (VHF, UHF e SHF)

Fonte: [12].

O Alcance das Ondas Curtas

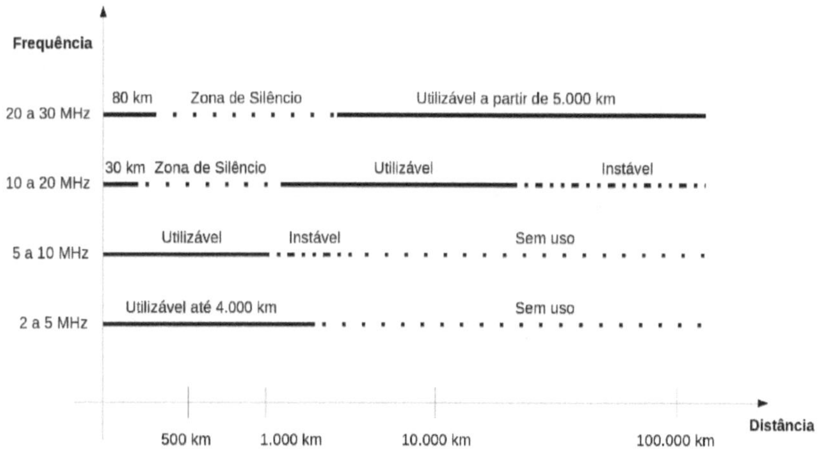

A energia eletromagnética gerada pelos transmissores e irradiada pelas antenas das emissoras de rádio viaja pelo espaço com velocidade de propagação de aproximadamente 300.000 km/s. Essa é a velocidade da luz, que também é um fenômeno eletromagnético. As ondas ionosféricas são refletidas para superfície da Terra e são recebidas nos rádios receptores mais distantes. A cada salto entre a superfície do planeta até a atmosfera, também surgem zonas de silêncio. Nessas regiões, o sinal da emissora não é captado, pois está sendo refletido de volta para superfície em outra localidade.

As camadas da atmosfera são diferenciadas pela altitude, gases em suspensão e densidade. A incidência de radiação solar estimula a movimentação de elétrons entre os gases da atmosfera e cria um plasma ionosférico que altera a propagação das ondas de rádio que viajam nesse meio. Essa alteração é provocada com maior intensidade pelos raios-X e ultravioletas, que são absorvidos pela atmosfera. As camadas E, D e F são as mais relevantes para as comunicações em ondas curtas [13].

Modelo de Propagação Ionosférica

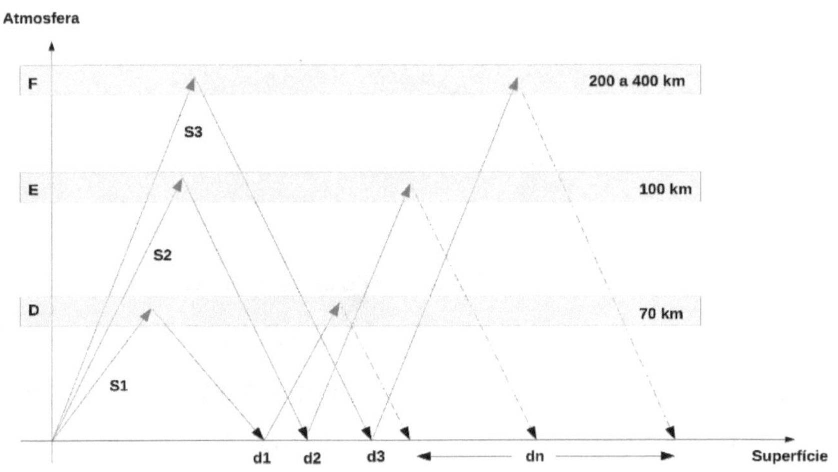

No exemplo acima, que não está em escala gráfica para melhor visualização do leitor, três sinais de rádio em ondas curtas são representados pelas setas (S1, S2 e S3). Os sinais de rádio alcançam distâncias distintas (d1, d2 e d3) na superfície da Terra, uma vez que são refletidos em diferentes camadas na atmosfera (D, E e F). As emissões que são irradiadas por antenas hipotéticas foram produzidas em bandas singulares e, de acordo com a sua intensidade (potência), podem realizar saltos com reflexões múltiplas até alcançarem uma distância indeterminada (dn). O sinal S1, refletido na camada "D", possui frequência de operação menor, se comparado ao sinal S3, que é refletido na camada "F". As perdas com a propagação, isto é, a atenuação no espaço livre também contribuem para determinar o alcance máximo. A Frequência Máxima Utilizável (MUF – sigla em inglês) e a Frequência Mínima Utilizável (LMF) determinam a janela de propagação.

Os modelos de propagação das ondas de rádio apresentam previsões de áreas de cobertura de acordo com a frequência de operação, época do ano, topografia e outras variáveis que podem influenciar o comportamento da propagação eletromagnética. Para tanto, as camadas da atmosfera são responsáveis pelo longo alcance das ondas curtas. A incidência de radiação solar possibilita a ionização dos gases em diferentes altitudes, alterando a sua composição, densidade e outros fatores.

Horário de Escuta das Ondas Curtas

Banda		Características	
Ondas Médias		Alcance local durante o dia, sendo ampliado para escala regional à noite.	
Ondas Tropicais	120 90 75 60	Alcance internacional à noite e durante o início ou final do dia.	Ruído acentuado no outono e verão
Ondas Curtas	49 41	Alcance de até 1.500 km ao longo do dia, sendo ampliado à noite.	
	31	Alcance entre 700 km a 2.500 km ao longo do dia, sendo ampliado à noite.	
	25	Alcance entre 800 km a 3.500 km ao longo do dia, sendo ampliado à noite.	
	19	Alcance internacional no início da tarde, persistindo até o meio da noite	

Fonte: [14].

O efeito da sazonalidade da atmosfera é relevante para determinar o alcance das ondas curtas. Por isso, o radioescuta pode se programar para ouvir a programação das emissoras internacionais de acordo com o melhor horário para escuta. Bem como ficar atento para eventuais mudanças de propagação, que ocorrem de maneira esporádica. É bom lembrar que o comportamento da atmosfera altera as camadas ionizantes com muita frequência e, por isso, os horários propostos são alterados pelos fenômenos atmosféricos de maneira intermitente. Portanto, não é incomum um radioescuta ir dormir muito tarde ou levantar muito cedo por causa de seu passatempo.

As Tempestades Solares

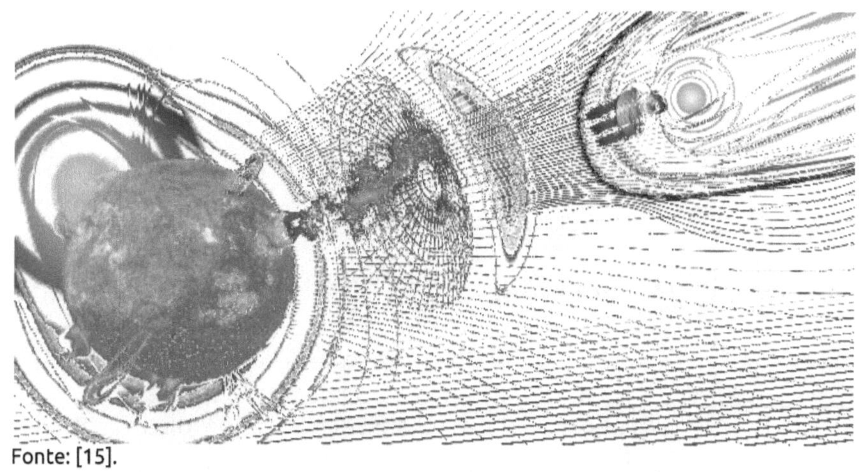

Fonte: [15].

As erupções solares são responsáveis pela emissão de rajadas de radiação que se propagam pelo espaço. Essas explosões geram tempestades eletromagnéticas que alcançam a Terra e alteram o comportamento da atmosfera. As alterações esporádicas influenciam a propagação das ondas de rádio, pois os elétrons das moléculas dos gases na atmosfera ficam instáveis e alteram o plasma ionosférico.

As condições geomagnéticas descrevem a intensidade do fenômeno e as consequências na propagação das ondas de rádio. De acordo com a intensidade da radiação solar (Índices K e Ap), as condições geomagnéticas se alteram, desde muito calma até uma tempestade severa. Essas mudanças podem gerar pequenos ruídos, de baixa intensidade no espectro de rádio em HF (S1-S2), ou até a completa interrupção das comunicações (*Blackout*).

Classificação das Erupções Solares

Classe	Tipo	Efeito HF	Tempestade Geomagnética
A	Muito pequena	Nenhum	Nenhum
B	Pequena	Nenhum	Nenhum
C	Moderada	Pequena absorção	Pouca atividade
M	Grande	Alta absorção	Muita atividade
X	Extrema	Interrupção (*Blackout*)	Atividade extrema

Fonte: [16].

Condições Geomagnéticas

Tipo	Índice K	Índice Ap	Condições Geomagnéticas	Ruído HF
Normal	0	0 – 2	Muito calma	S1 – S2
	1	3 – 5	Calma	S1 – S2
	2	6 – 9	Calma	S1 – S2
	3	12 – 19	Incerto	S2 – S3
	4	22 – 32	Ativa	S2 – S3
Tempestade	5	39 – 56	Tempestade menor	S4 – S6
	6	67 – 94	Tempestade maior	S6 – S9
	7	111 – 154	Tempestade severa	S9+
	8	179 – 236	Tempestade muito severa	Interrupção (*Blackout*)
	9	300 – 400	Tempestade Extrema	Interrupção (*Blackout*)

Fonte: [15], [16].

Mapa de Absorção da Atmosfera

O mapa de absorção atmosférica é utilizado para estimar o comportamento da ionosfera quando recebe a radiação solar. Ele descreve o comportamento da atmosfera ao longo dos meses do ano, uma vez que a exposição do planeta aos raios solares depende do movimento de rotação em torno do Sol.

No mapa, as isolinhas representam o coeficiente de atenuação utilizado para predição das perdas de propagação ionosférica. As perdas são determinadas em decibéis (dB) e as isolinhas são representadas em unidades adimensionais que contribuem diretamente no cálculo da atenuação.

Coeficiente de Absorção de Radiação Solar

Atmosfera ao longo dos meses do ano

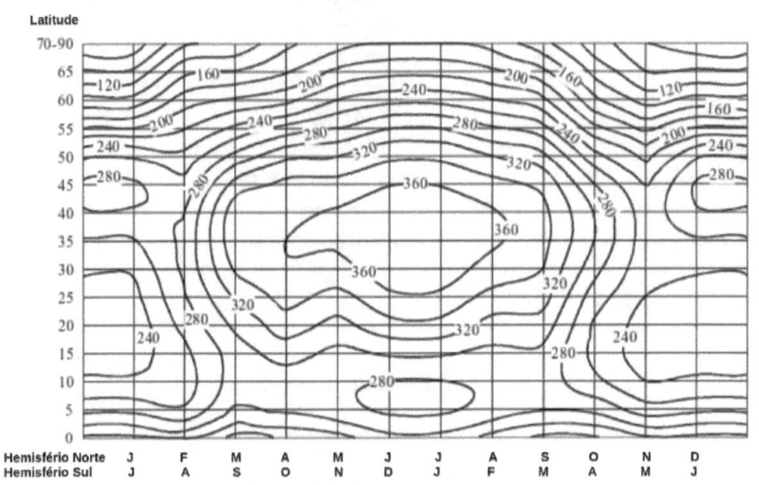

As localidades mais próximas dos polos, ou seja, com latitudes acima de 45°, sofrem os efeitos dos fenômenos atmosféricos com maior intensidade [17]. Isso significa dizer que os radioescutas nessas localidades observam, com maior intensidade, as variações da propagação das ondas de rádio. A absorção das ondas eletromagnéticas também depende da frequência de operação da emissora. A atmosfera reflete, refrata, ou dutifica as ondas de rádio de acordo a Máxima frequência utilizável (MUF – sigla em inglês).

Monitoramento da Propagação

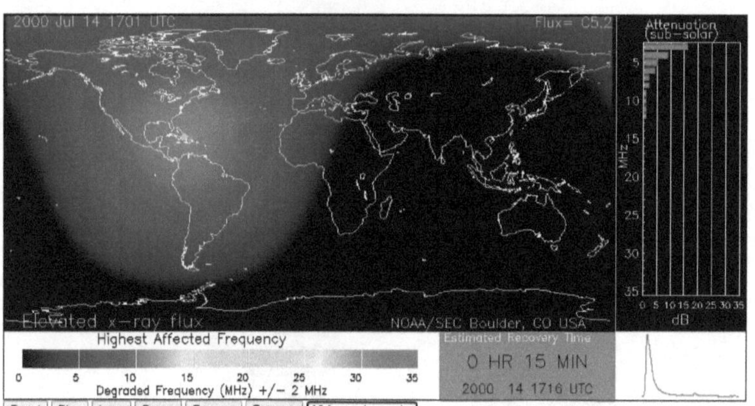

O monitoramento da absorção da radiação solar na atmosfera possibilita a predição do comportamento das ondas eletromagnéticas. Os sensores instalados nos satélites meteorológicos avaliam o comportamento dos gases e estimam a atenuação das ondas de rádio em diferentes frequências.

O mapa acima descreve o comportamento da atmosfera no final da tarde (17:00 UTC), com redução da atenuação e abertura da propagação nas Américas, Europa Ocidental e Noroeste da África.

A previsão do comportamento da propagação em ondas curtas é estratégica em todo o mundo e, por isso, as agências reguladoras, empresas aéreas, empresas de telecomunicações, segmentos militares e defesa desenvolveram sistemas para acompanhamento em tempo real. O radioescuta também tem acesso aos sistemas de monitoramento, no celular, com o aplicativo Ham Solar [18].

Aplicativo Ham Solar

Condições de Propagação

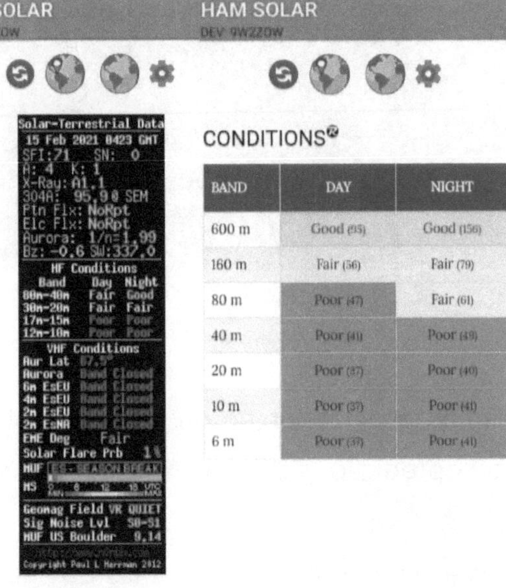

Mapa de Propagação

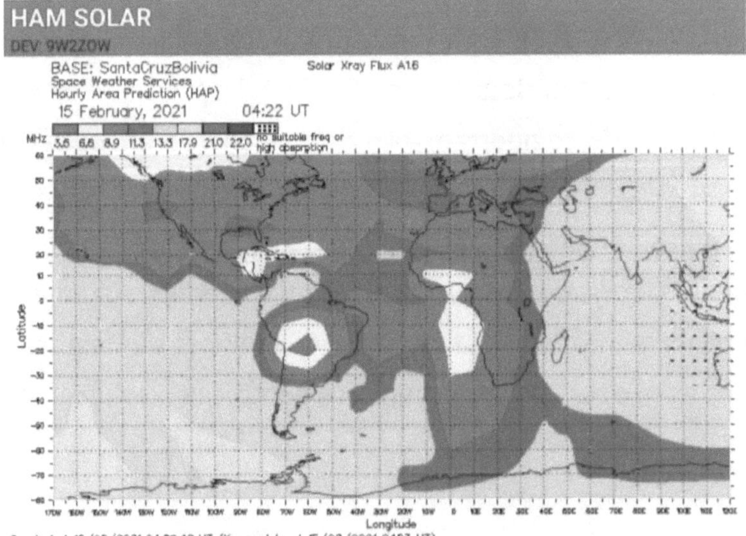

O Horizonte de Rádio

A Terra não é uma esfera geométrica perfeita e, por isso, o relevo na superfície acompanha a forma "quase esférica". O planeta possui a forma de um geoide, isto é, uma esfera com os polos achatados. Ao longo dos milhares de anos, desde a sua formação, o movimento de rotação do planeta, e outros fatores, contribuíram para modelar a superfície irregular. O relevo curvo afeta a propagação de ondas eletromagnéticas em altas frequências: VHF, UHF e SHF. Nessas bandas, as antenas precisam de uma linha de visada direta para estabelecer um enlace de comunicação.

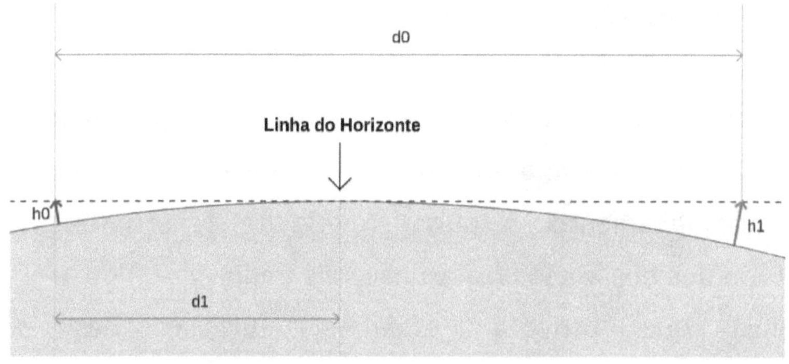

Fonte: [19]

Definição matemática:

$$d_1 = \sqrt{h_0{}^2 + 2h_0 R}$$

Onde é R é o raio médio da Terra = 6.370 km

Exemplos:

Antena h_0	Distância d_1	Distância d_0	Antena h_1
10 m	11 km	47 km	100 m
20 m	16 km	66 km	200 m
30 m	20 km	82 km	300 m

Os exemplos anteriores demonstram que o horizonte de rádio depende da altura das antenas que formam o enlace de comunicação. Os sistemas de televisão (VHF e UHF) e rádio FM, por exemplo, utilizam ondas de rádio que se propagam em linha de visada direta. É por isso que os transmissores das emissoras ficam localizados nos pontos mais elevados das cidades.

Em algumas regiões, as antenas das emissoras de rádio ou televisão não estão instaladas no mesmo sítio e, por isso, o ouvinte ou telespectador precisa mudar a direção de apontamento da antena de acordo com a localização da estação mais apreciada. O multiencaminhamento é outro fenômeno recorrente. Ele é resultado dos obstáculos físicos naturais (montanhas) ou artificiais (prédios) que provoca reflexões múltiplas das ondas eletromagnéticas. Esses obstáculos também podem resultar na interrupção do sinal, ou ainda, que perdas na antena do receptor de rádio ou televisão.

RADIOSSONDAS

Os institutos de pesquisa em meteorologia, agricultura e tráfego aeronáutico monitoram o comportamento da atmosfera constantemente. Os boletins meteorológicos produzidos orientam estratégias em diferentes áreas de atuação. A observação dos fenômenos naturais é feita com sensores de pressão, umidade, entre outros, que são enviados até as camadas mais elevadas da atmosfera. Os dados coletados são armazenados ou enviados, em tempo real, por um pequeno rádio transmissor. O circuito eletrônico é instalado em aeronaves ou balões lançados na atmosfera. O equipamento é programado para transmitir os dados gerados pelos sensores meteorológicos em canais de rádio UHF.

Radiossonda

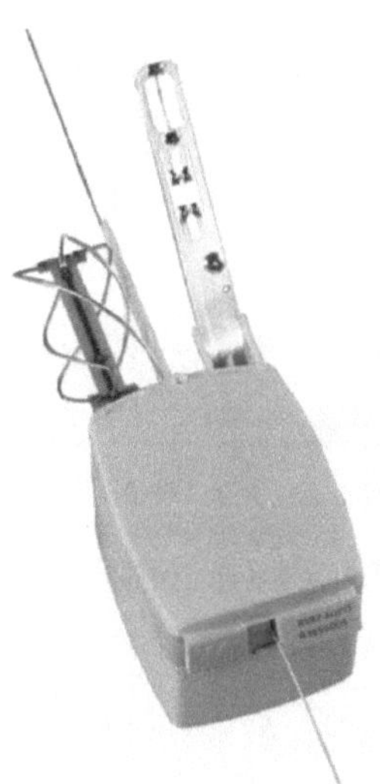

Os equipamentos de radiossonda encontrados em campo devem ser devolvidos para os centros de pesquisa, uma vez que podem armazenar dados importantes sobre a atmosfera. Alguns dispositivos são reprogramáveis e disponibilizados para reutilização [20].

Estações Meteorológicas no Brasil

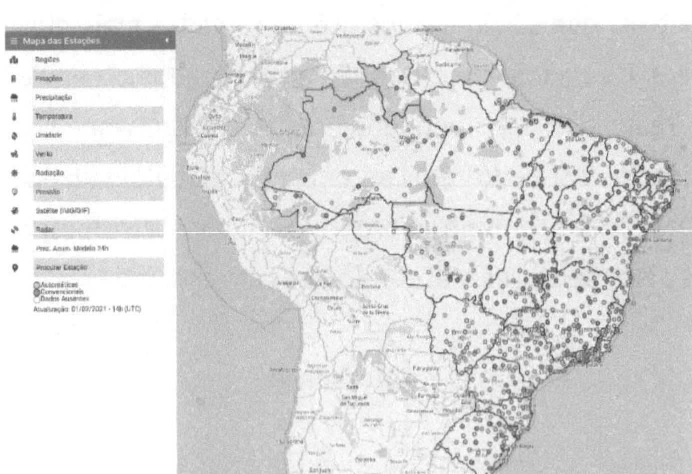

Os dados armazenados nos dispositivos de radiossonda são decodificados em *softwares* recomendados pelos fabricantes. Contudo, isso não impede o radioescuta de tentar encontrar essas "raposas voadoras". Para tanto, antes de realizar varreduras no espectro de rádio em busca dos balões meteorológicos, é importante conhecer o cronograma de lançamento dos equipamentos de radiossonda. Depois de lançado, é possível prever o trajeto desses artefatos em páginas de internet ou aplicativos de celular que apresentam a velocidade e direção dos ventos em tempo real. Para tanto, os radioescutas acompanham os boletins do Instituto Nacional de Meteorologia (INMET). O instituto de pesquisa também disponibiliza mapas interativos com dados das estações meteorológicas instaladas em todo o país [21].

SATÉLITES METEOROLÓGICOS

A Administração Nacional Atmosférica e Oceânica dos Estados Unidos (NOAA – sigla em inglês) é agência científica que monitora o meio ambiente com diversos satélites meteorológicos. Os sensores orbitais são responsáveis pela emissão de alertas de desastres naturais, informando as autoridades sobre a aproximação furacões, tempestades e outros fenômenos da natureza [22].

Recepção de Imagem de Satélite NOAA

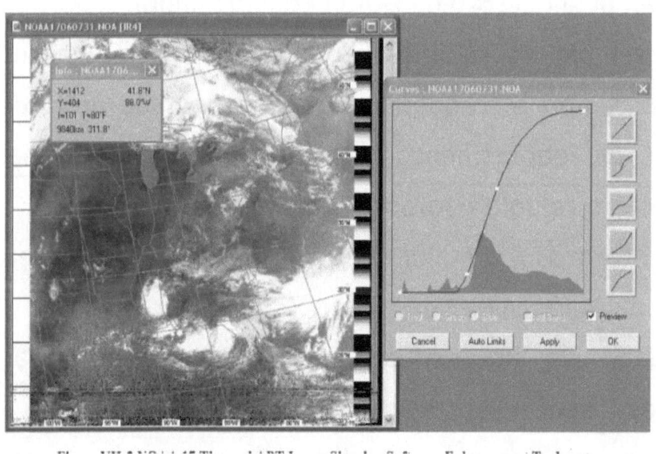

Os satélites NOAA transmitem os dados meteorológicos em canais abertos de rádio VHF, que podem ser captados pelos radioescutas de todo o mundo. O receptor de rádio deve utilizar uma antena Quadra Helix e sintonizar as frequências entorno de 137 MHz durante a passagem do satélite. O sinal de áudio captado no rádio receptor deve ser processado no *software* NOAA APT para decodificação das imagens com transmissão em tempo real. Outro *software* utilizado é o WxtoImg, que possui suporte para computadores Linux [23],[24].

A NOAA recomenda a página do Sistema de Rastreamento de Busca e Salvamento dos Estados Unidos (SarSat – sigle em inglês) para acompanhar as passagens dos satélites meteorológicos. Nela é possível realizar o monitoramento das órbitas dos satélites de acordo com a região onde mora o radioescuta [25].

ESTAÇÃO DE TEMPO E FREQUÊNCIA

O Observatório Nacional (ON), situado no Rio de Janeiro, é responsável pela geração da Hora Legal Brasileira. A hora padrão é obtida por meio de relógios atômicos que geram a contagem padrão do tempo e frequência. Esses dados são utilizados para calibração de equipamentos em todo o país. O Maser de hidrogênio é o relógio padrão de referência utilizado no ON. Este equipamento possui a maior precisão para geração de referência do tempo na América do Sul.

O padrão de horário é utilizado para sincronização de instituições bancárias, aeroportos, hospitais, entre outras organizações que dependem da escala de tempo com precisão. Por isso, o horário padrão brasileiro é disseminado em diferentes plataformas, com destaque para transmissão em ondas curtas, na frequência de 10.000 kHz.

10.000 kHz é frequência padrão, sendo utilizada com referência para calibração de equipamentos de telecomunicações. O sinal de rádio transmitido também reproduz a "hora falada". O áudio robotizado com a hora legal é enviado a cada 10 segundos. O padrão de intervalo de tempo, segue sinais horários com periodicidade de segundo, duração de 5 ms e padrão de 1 kHz como frequência de modulação dos pulsos de sinais horário [26].

Relógio Atômico de Césio (1955)

O sinal emitido pela rádio relógio do ON também é utilizado para fins de pesquisa científica, observação do comportamento da atmosfera, bem como a propagação de eletromagnética, astronomia e meteorologia.

Nos Estados Unidos, o Instituto Nacional de Padrões e Tecnologia (NIST – sigla em inglês) também possui uma emissora de rádio semelhante, é a WWV. Ela transmite interruptamente nas frequências de 5.000 kHz, 10.000 kHz e 15.000 kHz. O sinal da WWV também é ouvido pelos radioescutas brasileiros [27].

No mundo, existem outros centros de pesquisa que também utilizam sinais de rádio para difusão dos padrões de tempo e frequência. As informações sobre atualizadas com as referências dos centros de pesquisa são compartilhadas pelo Bureau Internacional de Pesos e Medidas (www.bipm.org).

Sinalização da Rádio WWV

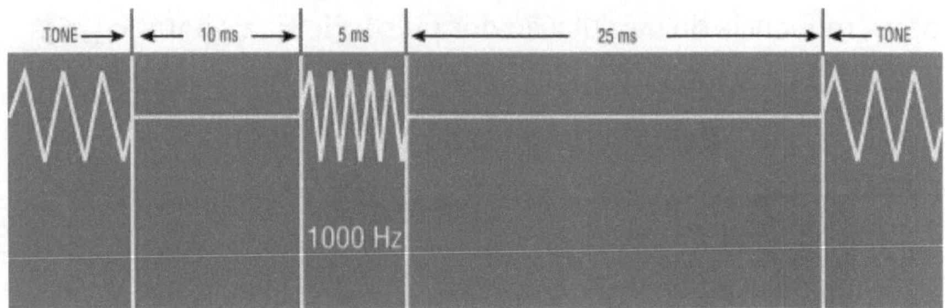

RÁDIO DO CIDADÃO

Depois da Segunda Guerra Mundial, muitos equipamentos de radiocomunicação perderam a utilidade e foram adaptados para o uso civil. O engenheiro Alfred Gross, que nasceu no Canadá, criou e adaptou diversos equipamentos para radiocomunicação civil. Os transceptores criados por Gross foram patenteados nos Estados Unidos. Ele é considerado um pioneiro da Banda do Cidadão (CB – sigla em inglês), um serviço de comunicação livre que é autorizado na frequência de 27 MHz em todo o mundo.

Os equipamentos de Rádio do Cidadão possibilitam a comunicação entre caminhoneiros, *motorhomes*, jipeiros e outras pessoas que utilizam o rádio para esporte ou lazer. Na banda de 11 metros, são utilizados 80 canais, com largura de 10 kHz, entre as frequências de 26.960 kHz e 27.860 kHz. É autorizada modulação analógica (AM, FM e SSB).

No Brasil, o Rádio do Cidadão também é conhecido por Faixa do Cidadão ou Rádio PX. Existem grupos de operadores de Rádio PX por todo o país. Em 2020, a Agência Nacional de Telecomunicações

(ANATEL), dispensou o licenciamento da estação de rádio PX. Na mesma portaria, também foram extintas as regiões geográficas que indicavam o estado na estação.

O licenciamento do Rádio do Cidadão gerava um indicativo que recebia o prefixo PX, acrescido de um número que indicava a região onde estava operando. Por exemplo, PX4B5517 era um indicativo de Rádio Cidadão de Belo Horizonte, Minas Gerais. Este indicativo era utilizado como o "QRA" da estação, uma identificação durante os contatos via rádio.

O canal 5 (27.015 kHz) é tradicional no Brasil para comunicação entre caminhoneiros. Eles utilizam gírias próprias e os operadores são conhecidos por "macanudos". Os caminhoneiros usam o rádio para troca de informações sobre as condições das estradas. Em 1978, o uso do Rádio PX nas estradas foi imortalizado no filme Convoy.

O canal 9 (27.065 kHz) é reservado para comunicações de emergências, em geral, apoio à defesa civil ou segurança pública. Em algumas cidades brasileiras existem equipamentos de Rádio PX instalados nas secretarias de segurança pública. Os canais 11 e 19 também possuem restrição na legislação para chamada e escuta em todo o país.

Os operadores de Rádio PX também trocam cartões QSL para confirmação dos contatos via rádio. Os dados nos cartões indicam a data, a frequência e as condições técnicas de contato. Para tanto, os canais 45 (27.465 kHz) e 55 (27.585 kHz) são utilizados para chamados internacionais. Os radioescutas podem "corujar" essas frequências e acompanhar os contatos via rádio (QSO).

REGIÕES DO RÁDIO CIDADÃO

Estado	Região
Espírito Santo e Rio de Janeiro	1
São Paulo	2
Rio Grande do Sul	3
Minas Gerais	4
Paraná e Santa Catarina	5
Bahia e Sergipe	6
Alagoas, Ceará, Paraíba, Pernambuco e Rio Grande do Norte	7
Acre, Amazonas, Maranhão, Pará, Piauí, Amapá, Rondônia, Roraima e Tocantins	8
Distrito Federal, Goiás, Mato Grosso, Mato Grosso do Sul, Fernando de Noronha e Ilhas Oceânicas	9

Fonte: [28].

Cartão QSL do Rádio do Cidadão

QSL n. _351_

Dear friend, I'm happy to confirm nice QSO date _11.11.95_ (11 mt. band) at _15:45_ (GMT) mode [AM] [LSB] [USB] on ch ______ MHz _27_ KHz _565_ Your. signal was S= _5_ db R= _7_ with [QRM] [QRN] [QSB]

TX - RX KENWOOD TS 140 S
AMP 100 W
MIC KENWOOD MC - 80
ANT Direc. 4 elem.

I hope to meet you again on the air Good DX,
73-51-55-88 to you and your family from ___

Hugo

[PSE] [TNX] [QSL]

To have informations about the ALFA TANGO write to:
ALFA TANGO INTERNATIONAL DX GROUP - P.O. BOX 140 - 14100 ASTI - ITALIA
To cover only mail cost, please send $ 1 or equivalent local money - TNX!

C.C. 297 - C.P. 1744
MORENO - BUENOS AIRES
ARGENTINA

TO: _Px 4 3 5 5 1 7_
Cristian.

CANAIS DE RÁDIO DO CIDADÃO

Canal	kHz	Canal	kHz	Canal	kHz	Canal	kHz
1	26.965	5T	27.195	41	27.415	64	27.685
2	26.975	20	27.205	42	27.425	65	27.695
3	26.985	21	27.215	43	27.435	66	27.715
1T	26.995	22	27.225	44	27.455	67	27.725
4	27.005	23	27.255	45	27.465	68	27.735
5	27.015	24	27.235	46	27.475	69	27.745
6	2.025	25	27.245	47	27.485	70	27.755
7	27.035	26	27.265	48	27.505	71	27.765
2T	27.045	27	27.275	49	27.515	72	27.775
8	27.055	28	27.285	50	27.525	73	27.785
9	27.065	29	27.295	51	27.535	74	27.795
10	27.075	30	27.305	52	27.555	75	27.805
11	27.085	31	27.315	53	27.565	76	27.815
3T	27.095	32	27.325	54	27.575	77	27.825
12	27.105	33	27.335	55	27.585	78	27.835
13	27.115	34	27.345	56	27.605	79	27.845
14	27.125	35	27.355	57	27.615	80	27.855
15	27.135	36	27.365	58	27.625		
4T	27.145	37	27.375	59	27.635		
16	27.155	38	27.385	60	27.655		
17	27.165	39	27.395	61	27.665		
18	27.175	40	27.405	62	27.675		
19	27.185	41	27.415	63	27.705		

Fonte: [28].

RADIOAMADORISMO

É um serviço de telecomunicações regulamentado pela União Internacional de Telecomunicações (UIT – sigla em inglês). No Brasil, é a Agência Nacional de Telecomunicações (ANATEL) que faz a gestão do serviço, bem como estabelece diretrizes para concessão de licenças. O radioamadorismo tem por objetivo treinamento, pesquisa técnica e científica, bem como intercomunicação por pessoas interessadas pelas telecomunicações.

Os radioamadores também utilizam equipamentos de fabricação própria, ou comerciais, para realizarem experimentos na análise da propagação de sinais de rádio, desenvolvimento de circuitos eletrônicos, antenas e outras atividades de pesquisa que utilizam a emissão de sinais de rádio no espectro eletromagnético.

O serviço de radioamador também é utilizado para apoiar a defesa civil durante desastres naturais, acidentes aéreos, naufrágios, entre outras catástrofes que exigem comunicação ágil e eficiente. Os radioamadores atuam de maneira voluntária, repassando informes e boletins para as autoridades.

Nas frequências destinadas ao radioamadorismo é possível acompanhar os contatos de estações de todo o mundo. As conversas ocorrem com o áudio dos operadores (fonia) utilizando técnicas de modulação analógica (AM ou SSB), ou ainda, com telegrafia (CW) ou modulação digital com envio de mensagens de vídeo ou texto. Por isso, é muito importante a avaliação dos conhecimentos técnicos dos candidatos ao radioamadorismo. No Brasil, a legislação prevê as seguintes classes e requisitos:

REQUISITOS PARA O RADIOAMADORISMO NO BRASIL

Classe	Requisito
A	Avaliação de técnica e ética operacional, legislação de telecomunicações, conhecimentos técnicos de eletrônica, eletricidade e operação de estação com Código Morse.
B	Avaliação de técnica e ética operacional, legislação de telecomunicações, conhecimentos técnicos de eletrônica, eletricidade e operação de estação com Código Morse. Deve possuir 2 anos licenciamento de radioamador se for menor de 18 anos.
C	Avaliação de técnica e ética operacional, legislação de telecomunicações, possuir idade acima de 10 anos.

Fonte: [29].

FREQUÊNCIAS DE RADIOAMADORES PARA ESCUTA

Banda		Frequências	Atividades Predominantes
HF	80 m	3.500 – 4.000 kHz	Contatos regionais em fonia
	40 m	7000 – 7.300 kHz	Contatos regionais e internacionais em fonia e telegrafia (CW)
	20 m	14000 - 14350 kHz	DX internacional em diferentes modalidades
	10 m	28.000 – 29.700 kHz	Contatos regionais e internacionais em fonia e telegrafia (CW)
VHF	2 m	144 - 148 MHz	Contatos locais em Fonia e repetidores digitais nacionais e internacionais interligados pela internet. Contatos com satélites e Estação Espacial Internacional
UHF	70 cm	430 - 440 MHz	

Fonte: [29].

INDICATIVOS DE RADIOAMADORES

UNIDADES DA FEDERAÇÃO	CLASSES "A" OU "B"	CLASSE "C"
ACRE	PT 8 AA a ZZ - PT 8 AAA a YZZ	PU 8 JAA a LZZ
ALAGOAS	PP 7 AA a ZZ - PP 7 AAA a YZZ	PU 7 AAA a DZZ
AMAPÁ	PQ 8 AA a ZZ - PQ 8 AAA a YZZ	PU 8 GAA a IZZ
AMAZONAS	PP 8 AA a ZZ - PP 8 AAA a YZZ	PU 8 AAA a CZZ
BAHIA	PY 6 AA a ZZ - PY 6 AAA a YZZ	PU 6 JAA a YZZ
CEARÁ	PT 7 AA a ZZ - PT 7 AAA a YZZ	PU 7 MAA a PZZ
DISTRITO FEDERAL	PT 2 AA a ZZ - PT 2 AAA a YZZ	PU 2 AAA a EZZ
ESPÍRITO SANTO	PP 1 AA a ZZ - PP 1 AAA a YZZ	PU 1 AAA a IZZ
GOIÁS	PP 2 AA a ZZ - PP 2 AAA a YZZ	PU 2 FAA a HZZ
MARANHÃO	PR 8 AA a ZZ - PR 8 AAA a YZZ	PU 8 MAA a OZZ
MATO GROSSO	PY 9 AA a ZZ - PY 9 AAA a YZZ	PU 9 OAA a YZZ
MATO GROSSO DO SUL	PT 9 AA a ZZ - PT 9 AAA a YZZ	PU 9 AAA a NZZ
MINAS GERAIS	PY 4 AA a ZZ - PY 4 AAA a YZZ	PU 4 AAA a YZZ
PARAÍBA	PR 7 AA a ZZ - PR 7 AAA a YZZ	PU 7 EAA a HZZ
PARANÁ	PY 5 AA a ZZ - PY 5 AAA a YZZ	PU 5 MAA a YZZ
PARÁ	PY 8 AA a ZZ - PY 8 AAA a YZZ	PU 8 WAA a YZZ
PERNAMBUCO	PY 7 AA a ZZ - PY 7 AAA a YZZ	PU 7 RAA a YZZ
PIAUÍ	PS 8 AA a ZZ - PS 8 AAA a YZZ	PU 8 PAA a SZZ
RIO DE JANEIRO	PY 1 AA a ZZ - PY 1 AAA a YZZ	PU 1 JAA a YZZ
RIO GRANDE DO NORTE	PS 7 AA a ZZ - PS 7 AAA a YZZ	PU 7 IAA a LZZ
RIO GRANDE DO SUL	PY 3 AA a ZZ - PY 3 AAA a YZZ	PU 3 AAA a YZZ
RONDÔNIA	PW 8 AA a ZZ - PW 8 AAA a YZZ	PU 8 DAA a FZZ
RORAIMA	PV 8 AA a ZZ - PV 8 AAA a YZZ	PU 8 TAA a VZZ
SANTA CATARINA	PP 5 AA a ZZ - PP 5 AAA a YZZ	PU 5 AAA a LZZ
SÃO PAULO	PY 2 AA a ZZ - PY 2 AAA a YZZ	PU 2 KAA a YZZ
SERGIPE	PP 6 AA a ZZ - PP 6 AAA a YZZ	PU 6 AAA a IZZ
TOCANTINS	PQ 2 AA a ZZ - PQ 2 AAA a YZZ	PU 2 IAA a JZZ

Fonte: [29].

ESTAÇÃO ESPACIAL INTERNACIONAL

Depois da Guerra Fria, um consórcio de países liderado pelos Estados Unidos e a Rússia iniciou a construção de um laboratório espacial, para realização de pesquisas na órbita da Terra. A estação de pesquisas foi iniciada em 1998 e, no início dos anos 2001, recebeu a primeira tripulação permanente. Desde então, a Estação Espacial Internacional (ISS – sigla em inglês) recebeu contribuições de diversos países para desenvolvimento de pesquisas no espaço.

A ISS encontra-se em uma órbita baixa, a cerca de 400 km de altitude, com velocidade média de 28.000 km/h. Ela realiza cerca de 15 voltas na Terra por dia e é possível realizar o seu avistamento a olho nu. Além disso, radioamadores e radioescutas realizam o monitoramento das comunicações via rádio em uma repetidora que está instalada em sua estrutura. Também são realizados eventos com transmissão de imagens digitalizadas por meio desses canais de comunicação [30].

Estudantes preparando contato com a Estação Espacial

Para tanto, a ARRIS (Radioamadores na Estação Espacial Internacional – sigla em inglês), um grupo de pesquisa internacional, composto por voluntários de diversos países, organiza eventos educativos com a participação da tripulação da ISS. As atividades de divulgação científica são agendadas e possibilitam, inclusive, contatos via rádio entre estudantes e os astronautas.

As passagens da ISS duram cerca de 5 minutos e seu rastreamento pode ser realizado em aplicativos de celular disponibilizados pela NASA (ISS Detector) ou diretamente em sua página da internet.

Aplicativo de Rastreamento da Estação Espacial

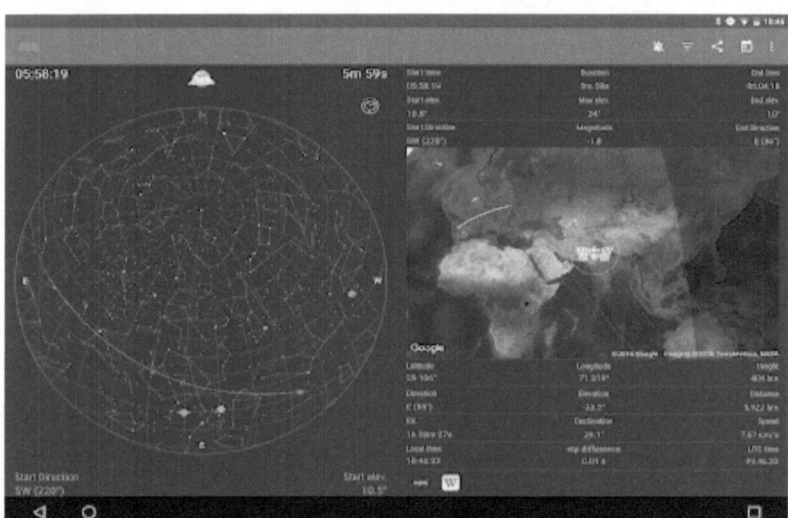

O radioescuta pode acompanhar as comunicações via rádio durante as passagens da ISS. O receptor deve sintonizar a frequência de 145,80 MHz com modulação FM. Existem outros canais de contatos, que são atualizados nas páginas issfanclub.eu/iss-frequencies (Europa) e www.ariss.org/ (Estados Unidos).

AS COMUNICAÇÕES EM MARTE

Marte é o quarto planeta do Sistema Solar e está localizado a 56 milhões de quilômetros da Terra. A temperatura ambiente média é de 55º C negativos e, por isso, boa parte da sua superfície está coberta de gelo. O planeta possui a metade do diâmetro da Terra e a aceleração da gravidade é menor. Marte possui o solo avermelhado, com grande concentração de óxido de ferro. Visto da Terra, o planeta vermelho estimula a imaginação dos humanos. A colonização de Marte é um desafio e, durante muitos anos, os cientistas buscam evidências que indiquem que é possível sobreviver na superfície marciana.

Antenas do Robô *Perseverance*

Na atualidade, Marte está sendo observado por seis sondas que estão em sua órbita, e mais duas, que seguem explorando a superfície. Os dispositivos buscam vestígios de vida microscópica, análise da composição do solo e da atmosfera, entre outras características que possam auxiliar a colonização do planeta. Todo esse trabalho é coordenado da Terra, por meio de modernos sistemas de telecomunicações.

Antena Artesanal para Banda X

As salas de controle de missão espacial possuem diferentes canais de comunicação que realizam a supervisão dos experimentos. Para tanto, são utilizados enlaces de comunicação em UHF (400 MHz) e Banda X (8 GHz). O robô *Perseverance*, da NASA, possui três antenas a bordo: UHF onminidirecional para comunicação local com os periféricos e duas antenas da Banda X. Em 8 GHz, há uma antena de alto ganho para transmissão, e outra, de baixo ganho para recepção [31].

Os comandos de acionamento dos robôs, bem como a telemetria dos sensores, são enviados para os computadores na Terra através de repetidores de rádio que orbitam o planeta vermelho. Na Terra, existe um sistema de monitoramento formado por uma rede de antenas denominada *Deep Space Network* (DNS). A DNS possui três antenas instaladas na superfície da Terra, em posições de afastamento de 120°, localizadas na Califórnia/Estados Unidos; Madri/Espanha; e Camberra/Austrália. As estações de monitoramento estão posicionadas para realizarem o rastreamento dos sinais de rádio vindos do espaço, e ainda, sincronizar as antenas com o movimento de rotação da Terra e do planeta vermelho.

Em Marte, as sondas emitem e recebem os sinais na superfície do planeta utilizando um repetidor em órbita. Os sinais de rádio viajam de 5 a 20 minutos até alcançarem as antenas da DNS na Terra. O tempo de viagem no espaço depende a posição orbital, pois a distância entre os dois planetas pode variar ao longo de um ciclo astronômico. São utilizados canais de comunicação que alcançam taxas de 160 a 500 Mbps, com antenas de 34 metros na DNS, bem como de 800 a 3.000 Mbps para as antenas de 70 metros de diâmetro na DNS.

Os radioescutas e radioamadores conhecem esses dados e monitoram as comunicações das sondas espaciais com receptores de rádio definido por *software* e antenas artesanais. Não é uma tarefa muito simples, uma vez que é necessário sincronizar a antena artesanal com os movimentos de rotação da Terra e de Marte. Além disso, é preciso identificar o melhor momento de alinhamento da posição orbital da sonda na superfície de Marte para captura do sinal com maior intensidade.

A antena de Banda X é outro desafio, pois o sinal é irradiado do planeta vermelho com pequena intensidade. A energia elétrica utilizada nas sondas espaciais é racionalizada e, portanto, não é possível transmitir dados com muitos quilowatts de potência, tal como ocorre com transmissores digitais de radiodifusão comercial.

Sintonia da Sonda Chinesa Tianwen-1

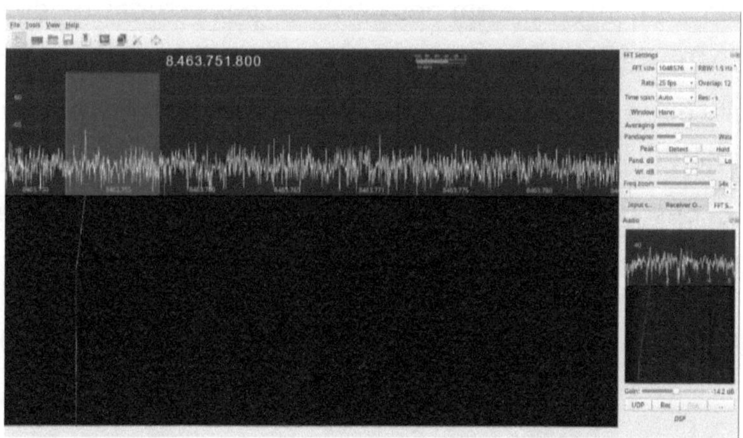

Em 2021, Scott Tilley, um engenheiro e astrônomo amador, conseguiu rastrear a sonda chinesa Tianwen-1 em Marte. Para tanto, ele construiu uma antena artesanal para recepção na Banda X. Ele realizou o monitoramento do espectro eletromagnético desde o lançamento da missão espacial. Os sinais radioelétricos com frequência de 8 GHz exigem cabos e conectores especiais, para reduzirem as perdas nas conexões [32].

O radioescuta que desejar monitorar as comunicações das sondas espaciais em Marte, ou outras missões espaciais, deve estar preparado para grandes desafios. Os equipamentos de recepção e as antenas de alto ganho são essenciais para o sucesso da pesquisa.

RADIOASTRONOMIA

A radioastronomia é uma área do conhecimento que o radioescuta também tem interesse em desenvolver seus estudos e pesquisas. Em 1930, Karl Guthe Jansky (1905-1950), físico e engenheiro, identificou a emissão de ondas eletromagnéticas com origem cósmica. Ele trabalhava nos Laboratórios Bell e, depois de algum tempo pesquisando interferências nas comunicações terrestres, descobriu a origem galáctica dos ruídos radioelétricos.

Antena de Jasnky para 20 MHz

Os estudos de Jansky demonstraram que o centro da Via Láctea, onde nosso Sistema Solar está inserido, estava emitindo radiação que interferia nas comunicações via rádio na Terra. Pouco tempo depois, os cientistas avançaram nas pesquisas e deram início à radioastronomia, ampliando os estudos de investigação sobre as emissões de energia pelos corpos celestes [33].

Software Rádio SkyPipe

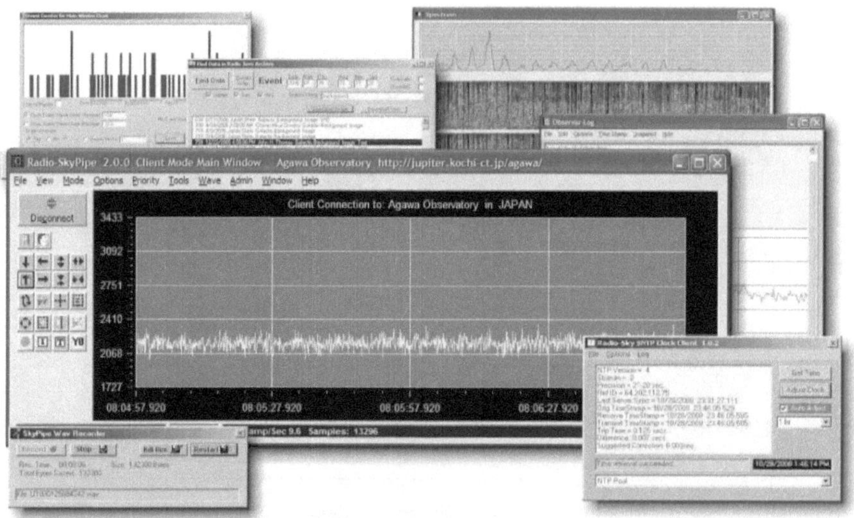

A radioastronomia identificou emissões de sinais de rádio em nuvens gases de hidrogênio, bem como radiação cósmica em micro-ondas muito antigas, que sustentam a teoria do "*Big Bang*". Estrelas, nuvens interestelares, pulsares, entre outros fenômenos astronômicos foram identificados pela emissão ou absorção de sinais de rádio.

As pesquisas de radioastronomia iniciaram a partir do monitoramento do espectro de rádio entre 14 MHz e 20 MHz. Jansky desenvolveu a fundamentação teórica necessária para produção do primeiro radiotelescópio. O monitoramento dos ruídos no ambiente demonstrou que havia três tipos de distúrbios eletromagnéticos. Inicialmente, os mais fortes são produzidos por tempestades locais, em descargas atmosféricas. Esse fenômeno também foi observado à distância e, por isso, foram classificados como ruídos de média intensidade. Os ruídos com nível menor, quase imperceptíveis, são de origem espacial e, por isso, precisam de tratamento especial.

Ruído Solar no *Software* Rádio SkyPipe

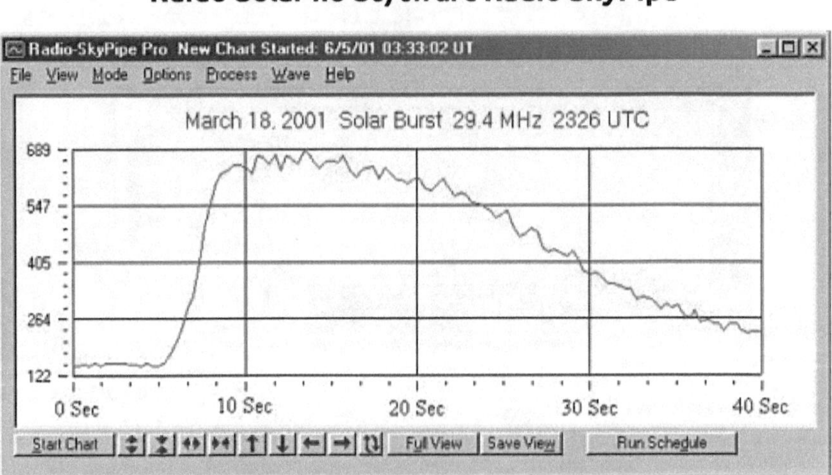

Os estalos produzidos pelos raios, durante os temporais, emitem radiação eletromagnética. Essa radiação é identificada pelo radioescuta. A intensidade e a quantidade de estalos demonstram, proporcionalmente, a dimensão da tempestade. Jansky fabricou uma antena que permitia a observação das emissões vindas do espaço, discriminando os ruídos na superfície da Terra.

A radioastronomia atrai estudantes, radioescutas e radioamadores de todo o mundo. Em 1998, a NASA iniciou o

Projeto Rádio Jove (radiojove.gsfc.nasa.gov), para fomentar a iniciação científica, pesquisa e extensão universitária. A agência de pesquisa desenvolveu um protótipo educacional para monitoramento da radiação cósmica em 20 MHz. Para tanto, o kit de pesquisa é composto de um rádio receptor de ondas curtas, uma antena *Long Wire* e o *software* Rádio *SkyPipe* para análise dos sinais de rádio. O modelo computacional analisa o sinal de áudio na saída do receptor de ondas curtas para gerar os gráficos de ruído.

Radiotelescópio com Antena de TV

O monitoramento do ruído galáctico também pode ser realizado em outras faixas de frequências. Astrônomos amadores, radioescutas e radioamadores também modificam as antenas de comunicação via satélite da Banda Ku para realizarem a escuta dos sons do universo [34].

ESTAÇÃO NUMÉRICA

As Estações Números (*Numbers Station*) são transmissões de rádio em ondas curtas atribuídas às agências de inteligência de diversos países. Estes sinais possuem mensagens que seriam destinadas aos espiões que estão em campo, nos países estrangeiros.

Durante a Segunda Guerra Mundial, emissoras numéricas transmitiam mensagens criptografadas pela máquina nazista Enigma. Naquela época, a contrainteligência dos aliados agiu rápido e criou um ponto de escuta e monitoramento para interceptar essas mensagens. A Estação X era uma unidade militar ultrassecreta e foi instalada em Bletchley Park, a 80 km de Londres. Alan Turing (1912-1954) foi o matemático inglês que conseguiu decodificar as mensagens nazistas na Estação X, onde dezenas de radioescutas monitoravam as comunicações inimigas na Europa.

Alguns anos depois, durante o período de Guerra Fria, surgiram outras emissoras e que continuam transmitindo até os dias atuais. As mensagens, em geral, são criptografadas, formando conjuntos de números ou letras que são transmitidos em sequências contínuas e repetidas em diferentes frequências. O sinal de uma Estação Número é irradiado em ondas curtas de maneira automática, com voz eletrônica, ou ainda, código Morse ou em modo digital.

As mensagens criptografadas utilizam metodologia desconhecida, que formam blocos de números e letras pseudoaleatórios. Esses caracteres atuam como chaves codificadas. O agente de inteligência, isto é, o espião, possui uma tabela de códigos individual que utiliza para ativar a decodificação.

Esse tipo de comunicação possibilita o anonimato do agente em campo, pois a mensagem é enviada pelo rádio, sem um endereço de destino. O receptor do sinal de rádio pode estar em qualquer lugar do mundo, recebendo as instruções sem nenhum receio de ser rastreado. Esse anonimato não é garantido em uma ligação telefônica ou em uma mensagem eletrônica pela Internet. Basta um rádio receptor com ondas curtas e a mensagem alcança o espião.

Espiã Ana Montes e seus códigos

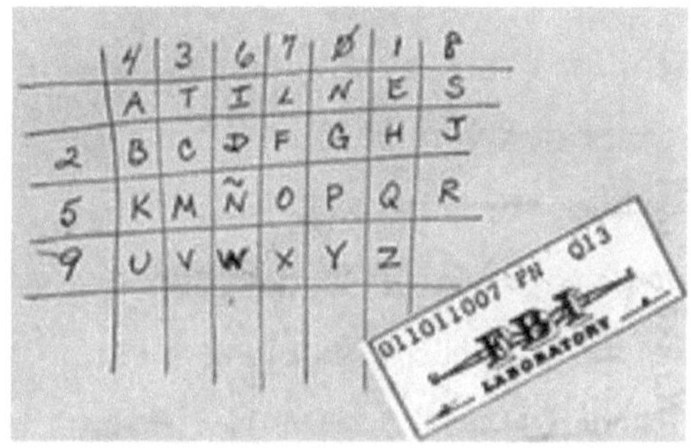

Fonte: [35].

Existe muito mistério envolvendo as Estações Números, pois elas estão associadas às operações secretas de inteligência. Ainda assim, existem casos de espionagem que foram a público e que envolvem as mensagens das Estações Numéricas. O caso mais emblemático foi de Ana Montes (2001), uma analista de inteligência estadunidense que recebia instruções de Cuba por meio das ondas curtas. Ela utilizava um receptor Sony ICF- 2001 para ouvir a emissora cubana HM-01 [36].

Rádio Receptor da Espiã Ana Montes

Os códigos com as sequências de números gravados pela espiã eram inseridos em *software* para decodificação. Em 2013, um radioamador brasileiro publicou no QSL.net como desvendou parcialmente o processo de criptografia em modo híbrido (HM – sigla em inglês) utilizado pela emissora.

A Estação Números HM-01 continua transmitindo para todo o mundo em ondas curtas. No Brasil, os radioescutas relatam a operação regular nas frequências de 11.530 kHz, 11.635 kHz e 17.480 kHz.

Outra estação misteriosa é a UVB-76, que transmite continuamente em 4.625 kHz. Os radioescutas monitoram o sinal da emissora, que emite um tom de áudio semelhante a um zumbido. A emissora recebe o apelido de Rádio Buzzer e sua localização é desconhecida. Os ouvintes pelo mundo suspeitam que a emissora esteja localizada na Rússia.

ANTENAS

As antenas são dispositivos transdutores, isto é, elementos capazes de converter a energia elétrica que se propaga em um meio condutor, guiado, em ondas eletromagnéticas para se propagarem pelo espaço. Elas também são responsáveis pela conversão das ondas eletromagnéticas que se propagam no espaço, meio não guiado, em energia elétrica que flui em um meio condutor (fios metálicos).

O fluxo de elétrons, em corrente alternada, no elemento condutor, promove a emissão de campos elétricos e magnéticos. O fluxo de campo elétrico e magnético também é capaz de induzir a corrente elétrica no meio condutor. Este fenômeno foi observado por Michael Faraday (1791-1867), Heinrich Lenz (1804-1865) e James Maxwell (1831-1879). Eles construíram a fundamentação teórica necessária para compreensão do eletromagnetismo e do funcionamento das antenas.

A energia gerada nos transmissores das emissoras de rádio é guiada pelos cabos até as antenas, onde é convertida pela antena em radiofrequência. A conversão da energia em ondas eletromagnéticas ocorre de acordo com os princípios básicos da Física. O comprimento de onda (λ) é determinado pela dimensão de um ciclo completo do fluxo de elétrons em corrente alternada. A frequência é definida pelo inverso do tempo desse período. No espaço, os campos elétrico e magnético são perpendiculares entre si e se propagam com velocidade aproximada de 300.000 km/s.

Propagação das Ondas Eletromagnéticas

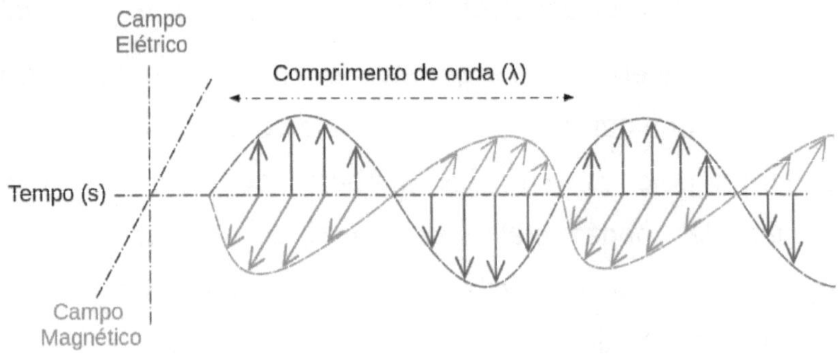

As bandas de radiodifusão são estabelecidas pelo comprimento médio das ondas eletromagnéticas irradiadas pelas antenas das emissoras. O fenômeno também ocorre para recepção das ondas de rádio. A antena capta o campo elétrico (E), que induz a energia nos condutores. A diferença de potencial (V) produz o fluxo de elétrons no elemento da antena [37], [38].

Indução dos Campos Elétricos nas Antenas

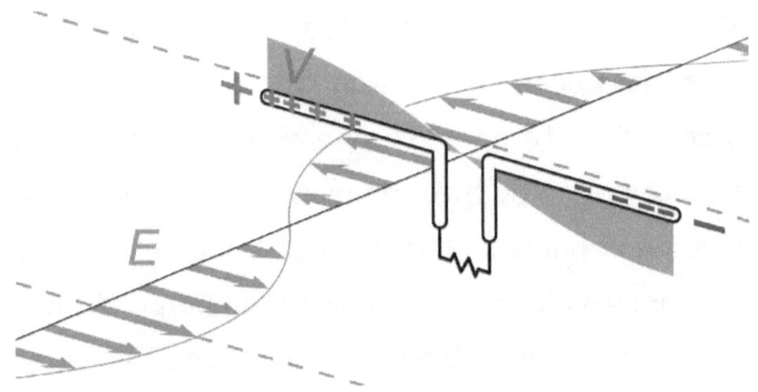

Existem diversos tipos de antenas, para diferentes aplicações. Por isso, o radioescuta precisa conhecer as características básicas das antenas para escolher o modelo mais apropriado para cada ocasião.

CARACTERÍSTICAS BÁSICAS DAS ANTENAS

Característica	Descrição	Unidade
Polarização (P)	É a orientação do campo elétrico em relação à terra. Ela determina a orientação de propagação das ondas de rádio.	Vertical Horizontal Circular Elíptica
Diretividade (D)	É a capacidade da antena concentrar o fluxo de energia que é captado ou transmitido na direção de propagação do campo elétrico	Delimitada pelos Ângulos de Meia Potência (-3dB)
Largura de Banda (BW)	É a faixa de frequência definida em projeto para utilização da antena.	Hertz (Hz) Porcentagem (%)
Ganho (G)	É um parâmetro de comparação entre antenas, utilizado de acordo com um modelo de referência para estabelecer requisitos desempenho.	dBp (Ref. antena dipolo) dBi (Ref. antena isotrópica)

Fonte: [39].

MODELOS DE ANTENAS DOS RADIOESCUTAS

Antena	Descrição	Vantagens	Desvantagens
Telescópica Onimidirecional	Hastes metálicas agrupadas em camadas que permitem o ajuste do tamanho no eixo vertical.	Já está instalada no equipamento e não representa um volume adicional. Possibilita uso interno ou externo.	Não é possível escolher a direção de apontamento. Capta sinais e ruídos de todas as direções. Baixo ganho.
Fio longo (*Long-Wire*)	Fio longo esticado no ambiente, fixado em postes ou pontos de maior elevação com material isolante.	Baixo custo de fabricação, instalação e manutenção. Apresenta maior capacidade de recepção (ganho) se comparada às antenas telescópicas.	A diretividade e polarização não são ajustáveis depois da instalação. Não possui precisão na seletividade de banda e está sujeita às interferências e ruídos externos.
Arco Magnético (*Magnetic Loop*)	Arcos metálicos circulares ou hexagonais, com tamanho proporcional ao comprimento de onda, que formam um circuito ressonante passivo.	Diretividade e seletividade de bandas ajustáveis de acordo com a faixa de escuta. Tamanho reduzido em HF, sendo ideal para uso em apartamentos.	A fabricação depende de conhecimentos técnicos básicos de eletricidade. Baixo ganho. Volume adicional para transporte nas escutas em áreas externas.

Fonte: [39].

MODELOS DE ANTENAS DOS RADIOESCUTAS

Antena	Descrição	Vantagens	Desvantagens
Miniwhip	Placas metálicas ressonantes com circuito eletrônico ativo, atuando como amplificador de sinais radioelétricos.	Alto ganho de recepção. Recomendada para uso em sistemas de Rádio Definido por *Software* por ter banda larga de sintonia.	Depende de alimentação de energia proveniente de baterias ou fontes externas. A alimentação de baterias é instalada em módulo adicional junto com a antena ou segue no cabo da antena. Polarização fixa.
Quadra-Helix	Hastes ou fios condutores com tamanho proporcional ao comprimento de onda que são alinhados sobre o mesmo eixo, formando um arranjo helicoidal.	Antena com estrutura adequada para captar sinais com polarização circular. Não depende de alimentação externa. Ideal para recepção de sinais de satélites de radioamadores, meteorológicos ou sinais de GPS.	Exige cuidados de fabricação, montagem e manutenção da estrutura física para evitar deformações que comprometam seu rendimento. Não é aplicável para uso em HF.
Yagi	Hastes metálicas com tamanho proporcional ao comprimento de onda que são agrupadas e alinhadas sobre o mesmo eixo.	Baixo custo de fabricação. Possibilita ajustes de seletividade de banda, diretividade e alto ganho da recepção. Não depende de alimentação. Instalação em ambiente externo, com aplicação nas bandas de VHF e UHF.	São necessários cuidados com a manutenção preventiva, uma vez que a ação de intempéries pode comprometer a fixação e alinhamento das hastes. Estrutura física muito grande para HF. Exige instalação de um sistema de prevenção contra descargas atmosféricas (SPDA).

Fonte: [39].

REQUISITOS DAS ANTENAS DE RADIOESCUTA

Antena	Polarização	Diretividade	Largura de banda	Ganho
	(P)	(D)	(BW)	(G)
Telescópica Onimidirecional	Vertical	Ominidirecional (360°)	Ampla	Pequeno
Fio longo (*Long-Wire*)	Horizontal	Pouco diretiva	Ampla	Pequeno
Arco Magnético (*Magnetic Loop*)	Circular	Muito diretiva	Ajustável	Pequeno
Miniwhip	Vertical	Pouco diretiva	Estendida	Grande
Quadra-Helix	Circular Elíptica	Diretividade mediana	Estreita	Médio
Yagi	Vertical Horizontal	Muito diretiva	Estreita	Médio

Fonte: [39].

Antena com fio longo (*Long Wire*)

A antena com fio longo é uma opção simples e de baixo custo para os radioescutas. Ela deve ser instalada em uma área que permita a fixação com suportes isolantes (plástico, borracha, etc.). O fio longo deve ter espessura (bitola) suficiente para suportar a sustentação física da estrutura ao ar livre. O comprimento da antena é proporcional ao comprimento de onda e, para recepção de sinais em ondas curtas, basta um fio de 5 a 10 metros de comprimento. Durante os períodos de chuva não é recomendável a sua utilização, para evitar acidentes com descargas atmosféricas. Ideal para ambientes rurais, longe de ruídos ou interferências.

A conexão da antena ao rádio pode ser feita utilizando um *plug* do tipo "garra de jacaré" ligado à antena telescópica ou, se for o caso, utilizando a entrada de antena externa do receptor. Essa antena possui alta impedância e, para alcançar a máxima transferência de energia, são sugeridos acopladores, também conhecidos por *Baluns* [40].

Arco Magnético (*Magnetic Loop*)

A antena de arco magnético é muito utilizada em áreas urbanas. O tamanho da antena é reduzido e facilita a utilização em apartamentos. Ela possibilita o ajuste de orientação de recepção do sinal, de acordo com o nível de sinal recebido. A antena possibilita o ajuste da sintonia de banda, por meio de um capacitor que faz a ressonância do arco circular externo na frequência desejada para escuta [41].

Os sinais de rádio captados pelo material condutor vibram no entorno do arco maior, de maneira circular, concentrando-se no seu interior. O fluxo de campo elétrico é direcionado para onde existe outro arco, que está ligado ao rádio receptor. É importante lembrar que o arco externo está sintonizado na frequência da emissora e, por isso, os campos captados pelo arco menor não levam sinais de ruídos ou interferências próximas ao receptor [42].

As antenas de arco magnético são encontradas com preços acessíveis, e ainda, podem ser fabricadas pelos radioescutas. Para tanto, basta seguir as instruções sugeridas a seguir:

Projeto Prático para Antena

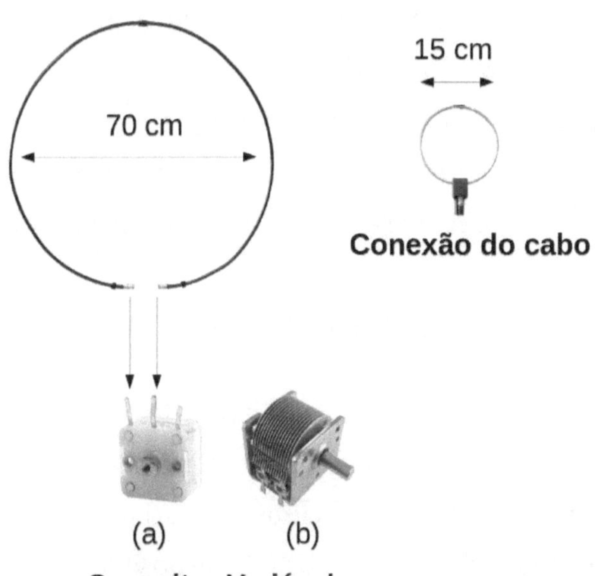

Tabela de Sintonia

Frequência Central	Capacitor
3,5 MHz	1000 pF (b)
7 MHz	250 pF (b)
14 MHz	60 pF (a)
23 MHz	23 pF (a)
29 MHz	10 pF (a)

Fonte: [36], [37].

Os arcos podem ser feitos com tubos de cobre utilizados em sistemas de ar-condicionado. Eles são flexíveis e com baixo custo para aquisição. A conexão do arco externo ao capacitor deve ser feita a mais próxima possível, para evitar perdas elétricas. É recomendável utilizar um ferro de solda e solda de estanho para realizar as conexões. A conexão com o cabo para ligar ao rádio é feita no arco interno. O cabo coaxial é ligado nas extremidades do arco. A malha é fixada em uma extremidade do arco e o condutor central do cabo em outra. O leitor pode supor que isso não funcionará, uma vez que provoca um curto-circuito na ponta do cabo. Contudo, os campos elétricos e magnéticos devem induzir o fluxo de corrente alternada na frequência da emissora de rádio e, por isso, o receptor deverá receber o sinal com maior intensidade.

Antena *MiniWhip*

A *MiniWhip* é um tipo de antena ativa, isto é, que possui um módulo amplificador dos sinais de radiofrequência (RF). Ela é muito popular entre os radioescutas que utilizam receptores de Rádio Definido por *Software* (SRD). O dispositivo possui projeto eletrônico que é disponibilizado com licença livre de patente, por isso, existe a fabricação por diversos fornecedores.

A *MiniWhip* é uma antena que possui banda larga de recepção, ou seja, a faixa de sintonia de emissoras é ampla. Ela possui grande vantagem em relação às demais antenas, uma vez que o radioescuta não precisa se preocupar em calibrar e ajustar a sintonia de ressonância da antena.

Antena e *Kit* de peças para montagem da *MiniWhip*

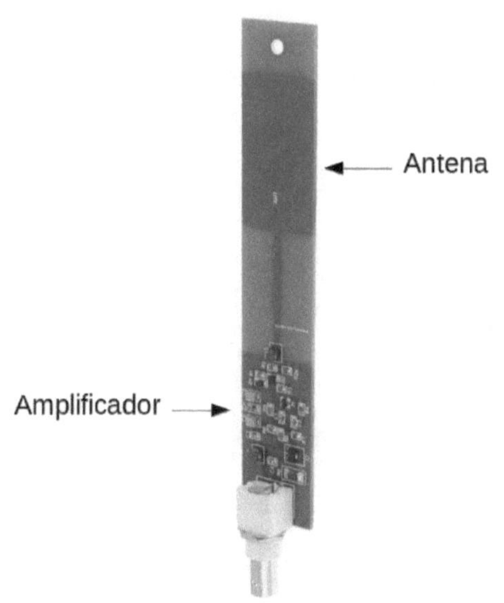

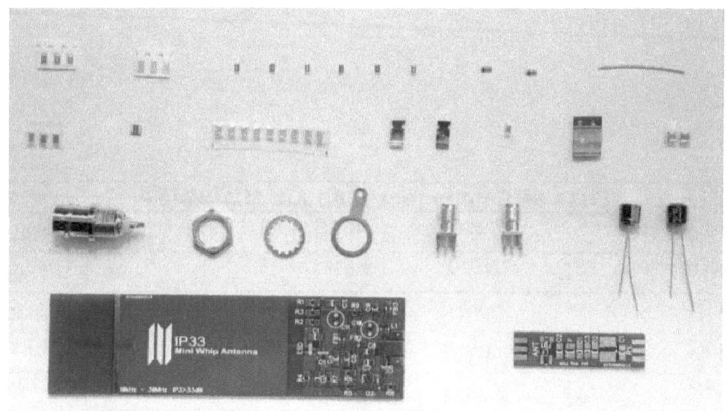

A antena é fabricada utilizando a mesma placa de circuito que recebe a instalação dos componentes eletrônicos do módulo amplificador. Ela é compacta, leve e de fácil instalação. Também são vendidos *kits* para montagem da antena pelo radioescuta. Esse material segue o conceito "faça-você-mesmo" (DIY - *Do it Yourself*), muito comum na era do Movimento *Maker*, para colocar a "mão na massa". O *kit* mais comum é o PA0RDT [43].

Diagrama Eletrônico da Antena *MiniWhip*

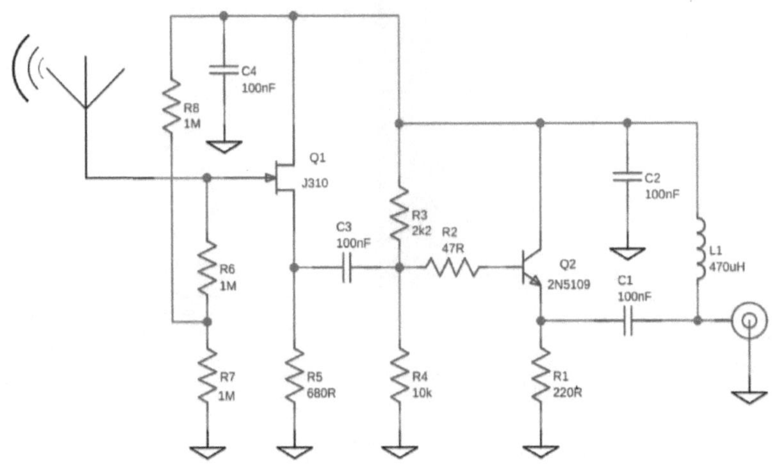

Lista de Componentes do *Kit MiniWhip*			
Q1 Transistor FET	J310	Resistor R4	10KΩ
Q2Transistor NPN	2N5109	Resistor R5	680Ω
Resistor R1	220Ω	Resistores R6, R7, R8	1MΩ
Resistor R2	47Ω	Capacitores C1, C2, C3, C4	100nF
Resistor R3	2,2 kΩ	Indutor L1	470µH

Fonte: [43]

Modelo de Placa de Circuito Impresso *MiniWhip*

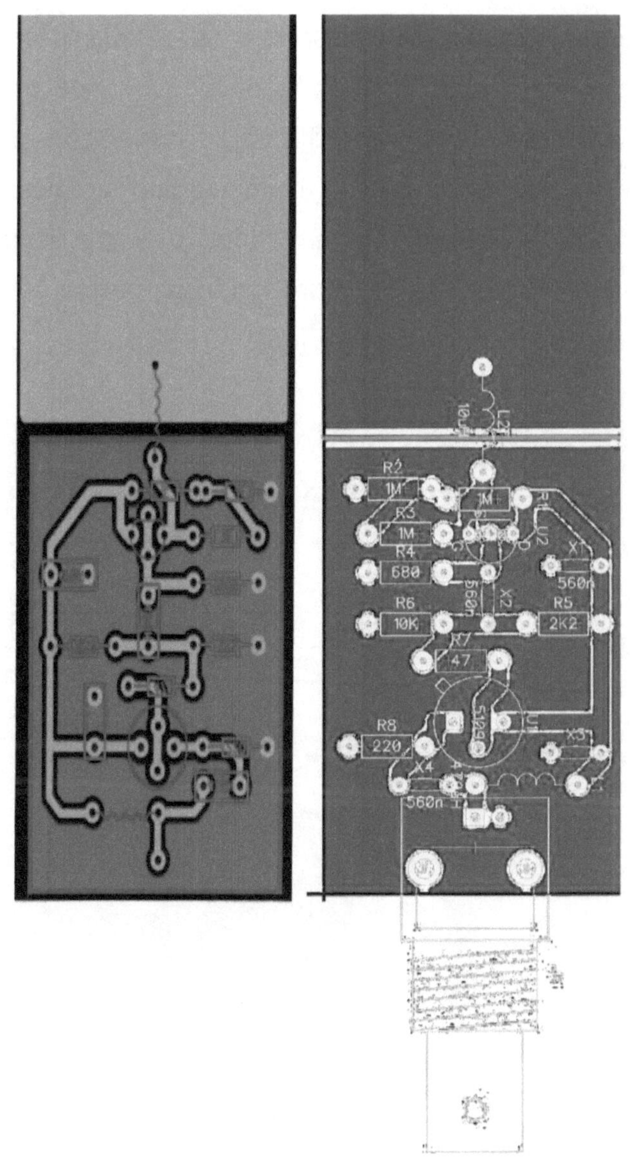

Antena *Quadra-Helix*

Os sinais de rádio emitidos por satélites de órbita baixa passam por diferentes camadas da atmosfera e, por isso, a polarização das ondas eletromagnéticas é alterada no percurso de propagação. Para atenuar esse efeito, são utilizadas antenas com polarização circular. A antena *Quadra-Helix* é um modelo simples, de baixo custo e fácil fabricação. Ela é produzida a partir de quatro elementos dobrados (fios de cobre rígido ou barras de alumínio), formando um eixo helicoidal [44], [45].

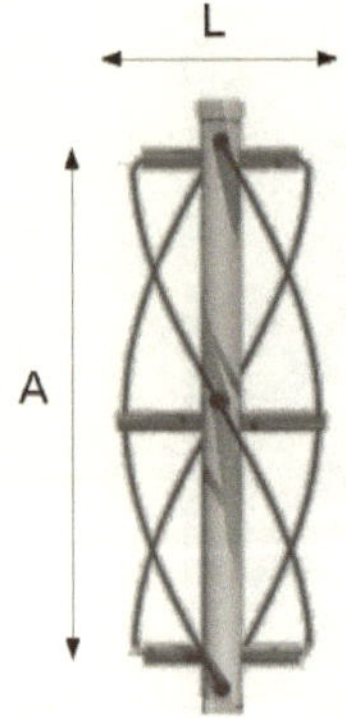

Elementos de Fabricação

Frequência	Altura (A)	Largura (L)
138 MHz	73 cm	32 cm
160 MHz	63 cm	28 cm
220 MHz	46 cm	20 cm
435 MHz	24 cm	10 cm

Detalhe da Vista Superior

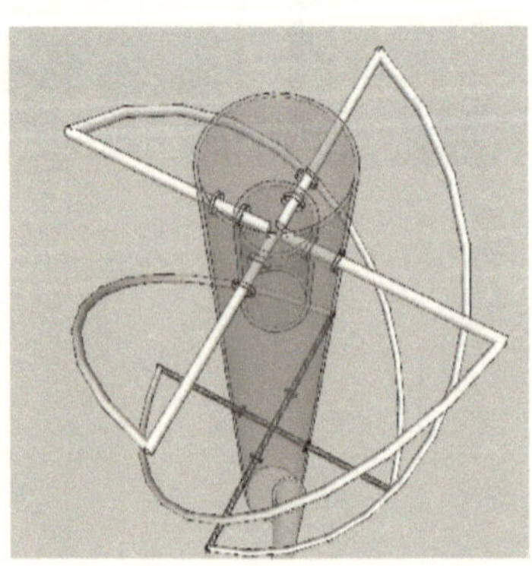

Antena *Yagi-Uda*

A antena Yagi-Uda é uma opção atrativa e muito utilizada por radioescutas de todo o mundo. Ela possui componentes de baixo custo, construção simples e pode ser aplicada para frequências em HF, VHF e UHF. O projeto inicial foi do professor japonês Dr. Hidetsugu Yagi (1886-1976), com apoio de seu assistente Dr. Shintaro Uta (1896-1976). Em 1926, na Universidade Imperial de Tohoku, eles patentearam o primeiro modelo [45], [46].

Demonstração do Dr. Hidetsugu Yagi

Ela foi desenvolvida para recepção de sinais de televisão, uma vez que possui bom ganho de sinal, excelente diretividade e pequena dimensão física para as faixas de VHF e UHF [47]. A antena também foi utilizada no conflito conhecido por Guerra do Pacífico (1941). Naquela ocasião, tropas britânicas desenvolveram um sistema de radar antiaéreo com as antenas Yagi [48] [49].

No desenho original, a seguir, verifica-se que a antena possui um elemento alimentador principal (A), elementos diretores (D) e um elemento que funciona como uma tela refletora (*screen*). No alimentador é feita a conexão com o cabo até o televisor, rádio receptor ou transmissor. Esse elemento é um dipolo que irradia ou capta os sinais de radiofrequência (RF). Os elementos diretores (D) orientam a propagação das ondas eletromagnéticas, concentrando-as na direção do alimentador (A). O elemento refletor restringe a propagação dos sinais após o alimentador, refletindo todo o sinal em sua direção [50].

Antena Yagi-Uda Patenteada

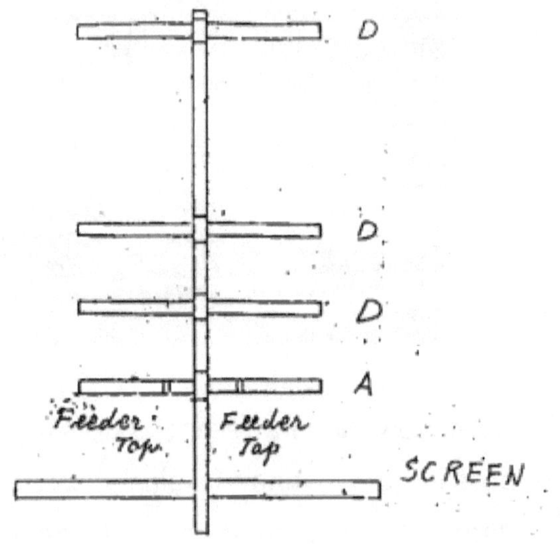

Antena Yagi-Uda de 6 Elementos

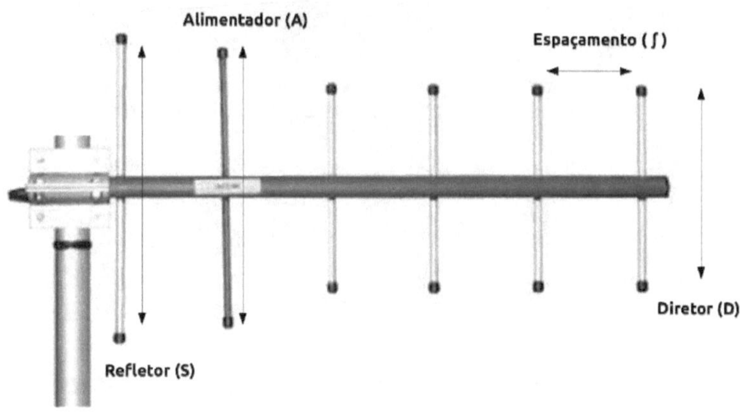

Elementos	Antena "1"	Antena "2"	Antena "3"
	100 MHz Rádio FM	145 MHz Estação Espacial Internacional	250 MHz Telemetria Satelital
Refletor (S)	147 cm	100 cm	58 cm
Alimentador (A)	135 cm	93 cm	54 cm
Diretores (D)	128 cm	88 cm	51 cm
Espaçamento entre os elementos (∫)	60 cm	41 cm	24 cm

A tabela acima apresenta as dimensões de três antenas Yagi-Uda com cinco elementos para a faixa de VHF. Conforme proposto pelo projeto japonês original, a antena é composta de um elemento refletor (S), um elemento alimentador (A) que recebe a conexão do cabo da antena e, por fim, três elementos diretores (D). Os cinco elementos são espaçados entre si com a distância "∫".

Testes com a Antena Yagi-Uda

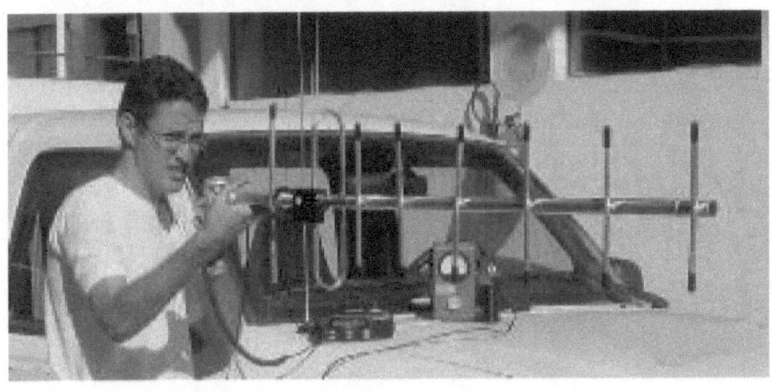

Yagi-Uda Artesanal para uso em Telefonia Rural

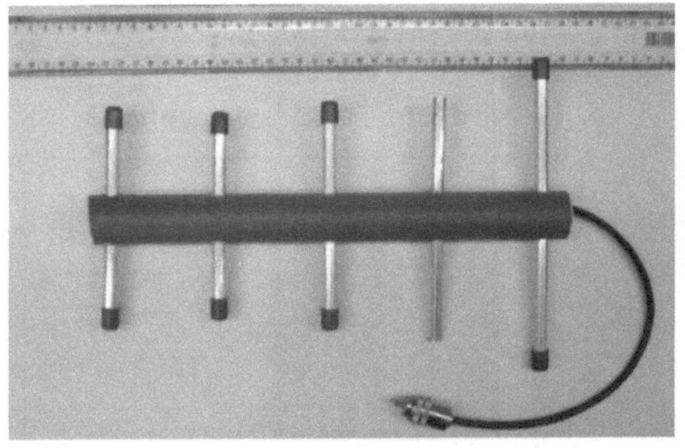

A antena Yagi-Uda, ou simplesmente Yagi, tal como é conhecida entre os radioescutas e radioamadores, é muito versátil e possui ampla aplicação. A estrutura é leve e permite manobras ágeis nas faixas de VHF e UHF. O ganho e a diretividade da antena são excelentes e, não é por acaso, que ela é utilizada em telefonia rural, comunicação via satélite, enlaces terrestres, entre outros sistemas. O radioescuta pode utilizar essa antena para sintonia de estações remotas de FM, escutas de radioamadores, Estação Espacial Internacional e satélites de radioamadores.

SISTEMAS DE COMUNICAÇÃO ANALÓGICA

As técnicas de modulação empregadas nos sistemas de comunicação via rádio definem suas características, recursos e limitações. O radioescuta deve conhecer as tecnologias existentes para identificação de um sinal de rádio captado pela antena de sua estação. Os sistemas de comunicação que utilizam técnicas de modulação analógica são os mais comuns nas ondas curtas, sendo utilizados por emissoras de radiodifusão, radioamadores e outros serviços [51]. A tabela, a seguir, apresenta as técnicas de modulação de sinais mais utilizadas:

Modulação Analógica

Descrição		Aplicação Predominante
Amplitude Modulada (AM)		Radiodifusão Radioamadorismo Rádio do Cidadão Aviação Telemetria Radionavegação
Frequência Modulada (FM)		Radiodifusão Radioamadorismo Rádio do Cidadão Satélites
Banda Lateral Única (SSB - *Single Side Band*)	Banda Lateral Inferior (LSB - *Lower Side Band*)	Radioamadorismo Rádio do Cidadão
	Banda Lateral Superior (USB - *Upper Side Band*)	

Fonte: [51].

Modulação AM

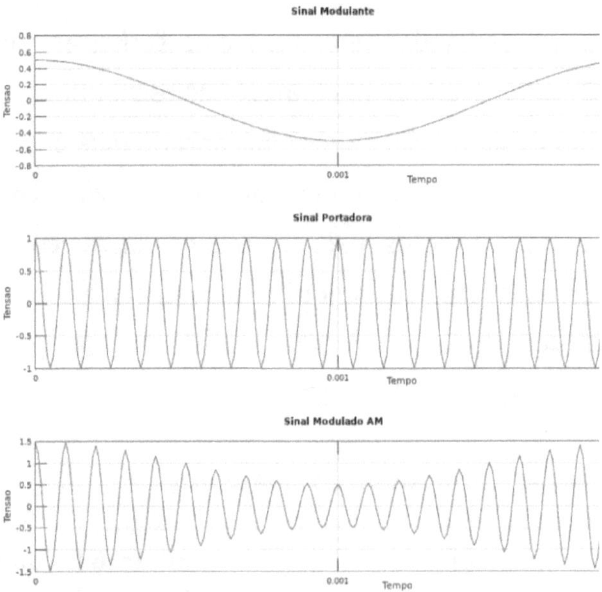

O termo "modulação" é utilizado para descrever a técnica utilizada para transformar um sinal radioelétrico em "portador" de informação. A informação é o sinal "modulante" de uma onda de rádio. A modulação analógica altera os parâmetros de um sinal de rádio, contínuo no tempo. De acordo com o Teorema de *Nyquist–Shannon*, o sinal com portadora de informação deve ter, pelo menos, o dobro da frequência da informação [51].

A modulação AM altera a intensidade de amplitude da onda portadora. O sinal modulante pode ser a voz humana captada em um microfone ou uma música que toca nos estúdios da emissora. O sinal elétrico modulado é convertido em ondas eletromagnéticas pelas antenas que se propagam até os receptores dos radioescutas.

Modulação FM

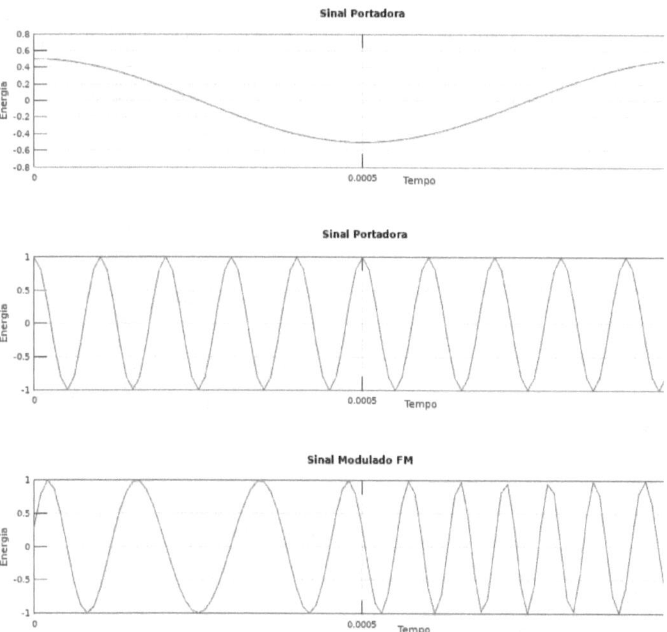

Na comunicação de rádio FM, por sua vez, o sinal modulante altera a frequência da onda portadora. A modulação em FM altera o comprimento de onda da portadora, de acordo com a intensidade do sinal modulante. A pequena alteração é suficiente para transportar a informação.

A simulação disposta nas figuras anteriores representa os sinais elétricos com a informação, portadora e sinal modulado no domínio do tempo. Isso significa dizer que os gráficos descrevem a variação da energia ao longo de um intervalo de tempo. Para entender a modulação com banda lateral única (SSB – sigla em inglês) é necessário representar os sinais de rádio em função do domínio do espectro de frequências [52].

A representação de sinais radioelétricos no domínio do espectro de frequências também é utilizada no painel dos equipamentos de rádio definido por *software*. Nesta representação é possível demonstrar a distribuição de energia de uma emissora de rádio dentro de um canal de comunicação, informando a sua largura de banda.

Simulação Computacional da Modulação AM

Os receptores de rádio SDR possuem recursos bem semelhantes aos analisadores de espectro, que são os instrumentos utilizados em engenharia de telecomunicações para visualização da ocupação dos canais de rádio. A representação gráfica da modulação analógica no domínio do tempo ou do espectro de frequências também pode ser simulada em um computador [53]. Na simulação é possível observar a distribuição da energia dentro de um canal de comunicação, tal como o radioescuta visualiza na tela do seu receptor com SDR. A ocupação do canal de comunicação depende da frequência portadora, que é aquela sintonizada no rádio receptor, bem como da técnica de modulação utilizada e a informação transmitida.

Na radiodifusão em ondas médias, no Brasil, o canal de comunicação é de 10 kHz. Em ondas curtas, os canais com emissoras de rádio são de 10 kHz e, para emissoras de rádio FM é 200 kHz. Os radioamadores ocupam canais mais estreitos, com 5 kHz de alocação [54].

Ocupação de um Canal de Comunicação

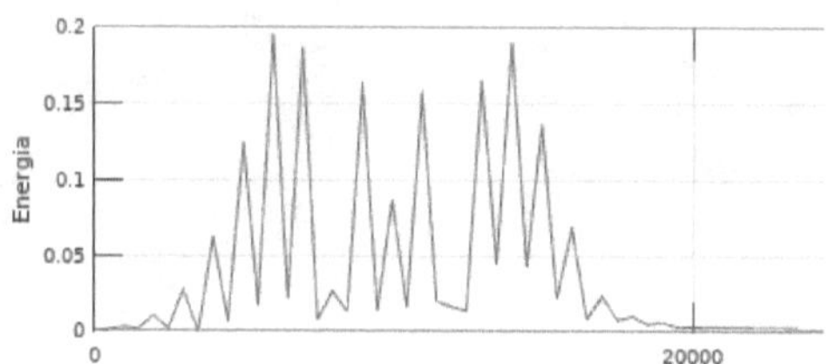

No exemplo acima é simulada a ocupação de um canal de comunicação com largura de banda de 20.000 Hz (20 kHz). No centro do canal é observada a distribuição de energia da portadora. No entorno da portadora estão localizadas as bandas laterais superior (USB – sigla em inglês) e inferior (LSB – sigla em inglês). A LSB e USB possuem a informação do sinal modulante e ocupam as extremidades do canal de comunicação. No sistema de comunicação com modulação em SSB é transmitida uma única banda lateral no canal de comunicação.

A comunicação em SSB é mais eficiente, pois apenas a energia que contém a informação é transmitida. Os dispositivos eletrônicos que fazem esse procedimento são mais complexos e mais caros, se comparados com os circuitos eletrônicos convencionais encontrados nos rádios AM e FM. É por isso que os receptores de radioescuta que possuem o modo SSB não são tão acessíveis quanto os outros equipamentos mais simples [55].

Nos equipamentos receptores de rádio que possuem SSB existe um módulo denominado Oscilador de Frequência de Batimento (BFO – sigla em inglês). Este circuito eletrônico possui um oscilador local que restaura a portadora original do sinal em SSB. O sinal é reconstruído em uma frequência intermediária no circuito do receptor.

BFO com Receptores de Ondas Curtas

Também é possível ouvir os sinais radioelétricos com modulação SSB em receptores sem este recurso instalado de fábrica. Para tanto, são necessários dois receptores de ondas curtas, posicionados lado a lado. Inicialmente, o radioescuta deve sintonizar o canal desejado no equipamento principal. Em seguida, buscar a sintonia da mesma emissora no outro receptor, que faz o papel de BFO, gerando a frequência de batimento. O procedimento exige paciência do radioescuta para encontrar o ponto exato de alinhamento das frequências de sintonia. É comum ouvir a mudança da entonação da voz de radioamadores durante o alinhamento, ou assobios e apitos com diferentes timbres, nas comunicações em telegrafia.

SISTEMAS DE COMUNICAÇÃO DIGITAL

A digitalização das comunicações proporcionou maior eficiência e agilidade na transmissão de mensagens em longa distância. Isso foi possível a partir do avanço dos circuitos eletrônicos nos últimos anos. A comunicação digital utiliza sinais elétricos discretos para transportar informação. A mensagem é convertida em dígitos, "0" ou "1", que são representados por pulsos elétricos em um meio guiado (fio condutor de cobre). No espaço livre, um meio não guiado, os pulsos elétricos são convertidos em ondas de rádio pelas antenas.

A voz humana captada por um microfone é digitalizada a partir de um processo que envolve três etapas: a) amostragem; b) quantificação; c) codificação. A amostragem divide o sinal elétrico gerado no microfone em pequenas fatias de energia. Cada pedacinho do sinal é medido, quantificado, para representar a intensidade de energia que será convertida em dígitos. Em seguida, o sinal amostrado e quantificado é codificado, correlacionando-o a um conjunto de números "0" e "1". Esse pequeno conjunto de dados é conhecido por "*bit*". Um conjunto de "*bits*" formam um "*byte*" que transporta parte da mensagem que está sendo digitalizada. Um conjunto de "*bytes*" pode formar um símbolo e, cada grupo de símbolos pode ser enviado em pacotes com outros dígitos. Muitos pacotes agrupados formam um quadro de dados denominado "*frame*".

A transmissão e recepção dos dados digitais pode ser feita em série, isto é, enviando vários quadros um atrás do outro. Ou ainda, em paralelo, com quadros de dados transitando simultaneamente em diferentes canais, lado a lado.

Os pacotes com dados digitais podem seguir caminhos bem definidos fisicamente, sendo comutados por circuitos existentes. Esse é o caso da telefonia fixa. Também podem existir rotas dinâmicas, que orientam a comutação por pacotes a partir de circuitos virtuais para o tráfego de dados. Para tanto, o Protocolo de Internet (IP – sigla em inglês) utiliza endereços que sinalizam origem e destino dos pacotes de informação.

Tudo isso ocorre em frações de milésimos de segundos e, para o ouvido humano, é imperceptível. O sinal de áudio de um microfone se transforma em uma sequência de dígitos que o radioescuta é incapaz de decodificar utilizando apenas seu receptor analógico. No alto-falante do rádio de ondas curtas, por exemplo, ele ouvirá apenas um ruído ocupando o canal de comunicação digital.

Existem diferentes técnicas de transmissão e recepção digital, as quais adotam estratégias que combinam a modulação por codificação de amplitude, fase, frequência, pulsos, tempo, entre outros recursos que possibilitam o tráfego de milhões de *bits* por segundo (Mbps). A combinação de uma ou mais técnicas de digitalização possibilita a transmissão de informação consumindo menos energia e, principalmente, ocupando menos espaço no espectro de rádio [55].

Sistemas de Comunicação Digital

Sigla	Descrição	Aplicação Predominante
APRS *(Automatic Packet Reporting System)*	Rádio integrado com GPS (*Global Positioning System*) para rastreamento e geolocalização.	Radioamador
C4FM *(Continuous 4-level Frequency Modulation)*	Padrão de modulação de rádio digital norte-americano compatível com equipamentos P-15	Radioamador
D-Star	Padrão de protocolo japonês para rádio digital de voz e dados.	Radioamador
DAB	Padrão europeu de radiodifusão com aplicação nas faixas de VHF e UHF.	Radiodifusão na Europa
DMR *(Digital Mobile Radio)*	Padrão europeu para radiocomunicação digital que permite integração com outras plataformas.	Radioamador Segurança Privada
DRM *(Digital Radio Mondiale)*	Padrão europeu para radiodifusão em ondas médias, ondas tropicais e ondas curtas.	Radiodifusão
P-25	Protocolo de radiocomunicação norte-americano para uso militar ou privado nas faixas VHF e UHF	Missão Crítica e Defesa
Radio HD	Padrão de radiodifusão norte-americano para uso em radiodifusão em ondas médias e FM	Radiodifusão
TETRA	Padrão de radiocomunicação digital europeu para uso militar ou privado na faixa UHF	Missão Crítica e Defesa
TETRAPOL	Padrão de radiocomunicação digital proprietário para uso militar	Missão Crítica e Defesa

Fonte: [56].

Equipamentos de Radiocomunicação Digital

Plataforma Pi-Star de Interconexão

Pi-Star Digital Voice Dashboard for M6CEB

Dashboard | Admin | Configuration

Gateway Activity

Time (BST)	Mode	Callsign	Target	Src	Dur(s)	Loss	BER
20:59:12 May 25th	DMR Slot 2	2342682	TG 2350	Net	TX		
20:58:40 May 25th	DMR Slot 2	2341779	TG 2350	Net	23.2	0%	0.0%
20:56:38 May 25th	DMR Slot 2	KB9BUG	TG 2350	Net	37.2	0%	0.0%
20:53:29 May 25th	DMR Slot 2	2344941	TG 2350	Net	6.2	0%	0.0%
20:52:42 May 25th	DMR Slot 2	2353143	TG 2350	Net	1.9	0%	0.1%
20:51:13 May 25th	DMR Slot 2	KC9DTO	TG 2350	Net	0.8	0%	0.0%
20:50:15 May 25th	DMR Slot 2	2341938	TG 2350	Net	0.8	0%	0.2%
20:47:35 May 25th	DMR Slot 2	2344455	TG 2350	Net	3.4	0%	0.0%
20:47:23 May 25th	DMR Slot 2	2352739	TG 2350	Net	1.6	0%	0.1%
20:46:07 May 25th	DMR Slot 2	2342875	TG 2350	Net	0.5	0%	0.0%
20:45:11 May 25th	DMR Slot 2	2400251	TG 2350	Net	5.1	21%	0.0%
20:45:01 May 25th	DMR Slot 2	2351743	TG 2350	Net	1.2	30%	0.0%
20:35:16 May 25th	DMR Slot 2	KE5CDK	TG 2350	Net	0.5	0%	0.0%
20:34:44 May 25th	DMR Slot 2	2352439	TG 2350	Net	0.8	0%	0.0%
20:34:20 May 25th	DMR Slot 2	2353374	TG 2350	Net	0.5	0%	0.0%
20:26:48 May 25th	DMR Slot 2	6551023	TG 2350	Net	0.5	0%	0.0%
20:26:24 May 25th	DMR Slot 2	2344822	TG 2350	Net	2.3	15%	0.0%
20:26:10 May 25th	DMR Slot 2	2344285	TG 2350	Net	1.6	0%	0.0%
20:13:59 May 25th	DMR Slot 2	2345103	TG 2350	Net	4.8	22%	0.0%
20:09:34 May 25th	DMR Slot 2	2341975	TG 2350	Net	8.0	0%	0.0%

Local RF Activity

Time (BST)	Mode	Callsign	Target	Src	Dur(s)	BER	RSSI

Modes Enabled

D-Star	DMR
YSF	P25
YSF XMode	NXDN

Network Status

D-Star Net	DMR Net
YSF Net	P25 Net
YSF2DMR	NXDN Net
YSF2NXDN	YSF2P25

Radio Info

Trx	TX DMR Slot 2
TX	434.000000 MHz
Rx	434.000000 MHz
FW	HS_Hat:v1.3.6

DMR Repeater

DMR ID	2342107
DMR CC	1
TS1	disabled
TS2	enabled

TG 2350/not linked

DMR Master

BM United Kingdom 2..

Os equipamentos de radiocomunicação digital possibilitaram a integração de voz e dados. Para tanto, os sistemas digitais utilizam circuitos virtuais para interconexão de repetidores de rádio, bem como plataformas de interoperabilidade.

O tráfego de mensagens digitais ocorre, em sua grande parcela, por meio da internet. As comunicações sem fio, via rádio, alcançam os repetidores que estão interligados na rede mundial. Os pacotes de dados seguem até os servidores e, de acordo com o tratamento, são replicados até os refletores dos respectivos padrões de radiocomunicação.

Os radioamadores, por exemplo, possuem pequenos dispositivos de acesso às redes virtuais de outros países. Eles utilizam "*hotspots*" ou repetidores ligados às *interfaces* digitais. Os rádios transceptores (receptor e transmissor) transmitem para um pequeno circuito eletrônico que está ligado na rede WI-FI. O *hotsopt* é configurado para fazer o roteamento dos pacotes digitais até os servidores dos serviços de rádio digital (DMR, D-Star, etc.).

O *hotspot* é um pequeno computador, *Raspberry* ou similar, que está executando um programa que realiza a tradução dos pacotes digitais para o formato adequado ao tráfego de internet. A plataforma Pi-Star é um bom exemplo (https://www.pistar.uk/).

OS RECEPTORES DE RADIOESCUTA

Existem inúmeros modelos de rádio receptores no mercado nacional e internacional e, por isso, o radioescuta precisa ficar atento às características existentes nos equipamentos à venda. Não é possível afirmar qual é o melhor, ou pior modelo, disponível no mercado, pois é a aplicação que definirá o tipo de equipamento mais apropriado para cada ocasião.

Por exemplo, não é recomendável utilizar equipamentos de alto custo em ambientes externos, uma vez que estarão sujeitos às condições ambientais existentes. Também existem riscos de furtos e extravios. Na orla da praia, ou em um deslocamento nos rios amazônicos, o equipamento portátil é mais adequado para essa ocasião. Na residência, ou em um hotel fazenda, já é possível fazer uso de antenas auxiliares e, por isso, um rádio receptor de mesa pode ser utilizado sem maiores preocupações. Em áreas de acampamento, para fazer a modalidade de escuta *DX Camping*, também é possível utilizar equipamentos sofisticados, desde que o radioescuta se lembre de levar os acessórios de proteção mais apropriados para o ambiente.

O preço do rádio receptor também deve ser relativizado, uma vez que existem equipamentos para todos os bolsos. Também não é incomum ver uma estação de radioescuta com dezenas de equipamentos. A justificativa para essa paixão está associada às características de cada equipamento, pois não há receptor perfeito. Existem rádios receptores que são muito bons em ondas curtas, mas não apresentam o mesmo desempenho em ondas médias ou FM.

Características Básicas dos Receptores

Característica	Descrição
Sensibilidade	Apresenta o nível mínimo de sinal que pode ser detectado e sintonizado no equipamento.
Seletividade	Descreve a exatidão de sintonia de uma frequência no receptor.
Estabilidade	Determina a amplitude de variações de sintonia do receptor durante a escuta.
Bandas	Quantidade de faixas de sintonia disponíveis para recepção no equipamento.
Modos	Apresenta os recursos de demodulação disponíveis (AM, FM, SSB, etc.), bem como outros recursos auxiliares (BFO, DX, etc.).
Entradas e Saídas	São as *Interfaces* (*inputs e outputs*) disponíveis no equipamento de radioescuta que possibilitam conexão de antena externa, fonte de alimentação, recarga de baterias, fones de ouvido, entre outros recursos adicionais.
Consumo	Descreve a quantidade de energia consumida pelo equipamento durante a operação ou em modo de espera.

Fonte: Autor.

Tecnologias de Receptores de Radioescuta

Tecnologia	Descrição	Vantagem	Desvantagem
Conversão Direta	Um circuito ressonante é ligado diretamente em uma antena para recepção	Baixo custo	Pouca sensibilidade seletividade ou controle de ganho
Super Heteródino	Converte o sinal de rádio sintonizado no circuito ressonante em uma Frequência Intermediária (FI)	Possibilita controle automático do ganho de sintonia da antena	Fabricação com muitos componentes eletrônicos. Calibração sensível.
PLL *(Phase Lock Loop)*	Placa com circuito integrado que faz a sintonia	Sintonia e seletividade estáveis	Circuitos integrados obsoletos e montagem com maior custo
DSP *(Digital Signal Processor)*	Placa com circuito integrado embarcado para processamento digital de sinais de rádio	Viabiliza a fabricação de receptores com banda corrida utilizando poucos componentes eletrônicos	Depende de filtros eficientes para suprimir ruídos internos
SDR *(Software Defined Radio)*	Programa de Computador (*Software*) que processa sinais radioelétricos captados em circuito eletrônico (*Hardware*)	Possibilita a recepção de sinais de rádio e TV, além de disponibilizar bandas com diferentes técnicas de modulação	Depende de um computador para armazenamento e execução do programa SDR

Fonte: Autor.

Rádio Definido por *Software*

Os sistemas com Rádio Definido por *Software* (SDR – sigla em inglês) têm a sua origem em meados de 1970, na indústria de defesa da Europa e Estados Unidos. Tudo começou em um projeto dos militares norte-americanos denominado *SpeakEasy*. A tecnologia tinha por objetivo criar uma plataforma para interoperabilidade dos padrões de codificação e modulação das comunicações de defesa [57].

A arquitetura de um receptor SDR é composta por dois blocos: a) *"front end"*, responsável pela detecção das frequências de rádio; b) *"back end"* que realiza o processamento do sinal de rádio. Em outras palavras, existe um pequeno *hardware* que faz a sintonia do sinal de rádio e converte sinais elétricos para processamento em um *software*.

O SDR se popularizou entre os radioescutas porque proporciona a possibilidade de escuta de muitas bandas de rádio com pouco investimento. É possível ouvir estações em HF, VHF e até UHF no computador. Outra característica interessante é a recepção de estações com diferentes tipos de modulação. Para tanto, basta adquirir uma pequena placa eletrônica (*dongle*) e instalar o programa de recepção em um computador. As placas receptoras para SDR possuem baixo custo e são vendidas por diversos fornecedores na internet. Os programas, em sua grande maioria, possuem o código-fonte livre e são distribuídos gratuitamente pelos seus desenvolvedores.

Os radioescutas pouco familiarizados com computadores utilizam as versões dos programas SDR para Windows. Também existem versões de SDR para utilização em plataformas Linux que rodam em processadores móveis e protótipos *Raspberry*.

Assim como os receptores convencionais, também existem equipamentos SDR para todos os tipos de bolso. O equipamento mais sofisticado não é apenas receptor, mas também possui módulos de transmissão e recursos para utilização com múltiplas antenas.

Painel de Monitoramento de um Enlace Digital com SDR

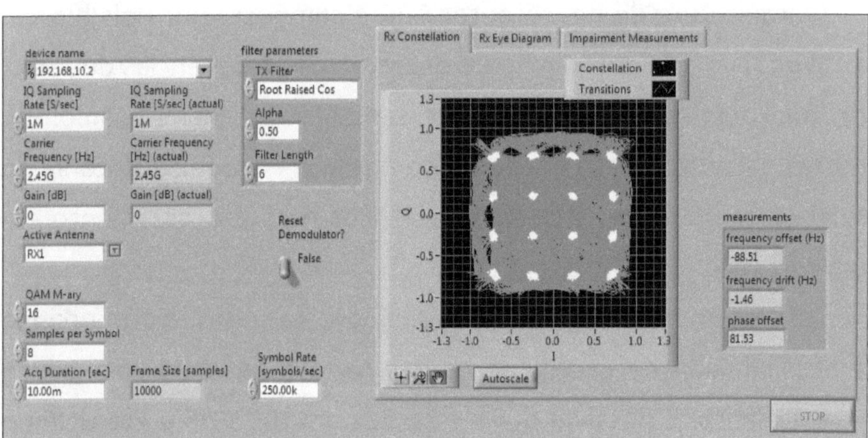

Fonte: [58].

O SDR possibilita a demodulação das emissoras de rádio em diferentes formatos, e ainda, apresenta a assinatura espectral do sinal recebido pelo radioescuta. A identificação visual descreve a distribuição da energia no canal de rádio em função do tempo. A assinatura espectral também é utilizada por organizações militares e de inteligência para monitoramento de mensagens criptografadas camufladas em sinais de radiodifusão.

Identificação da Assinatura Espectral no SDR

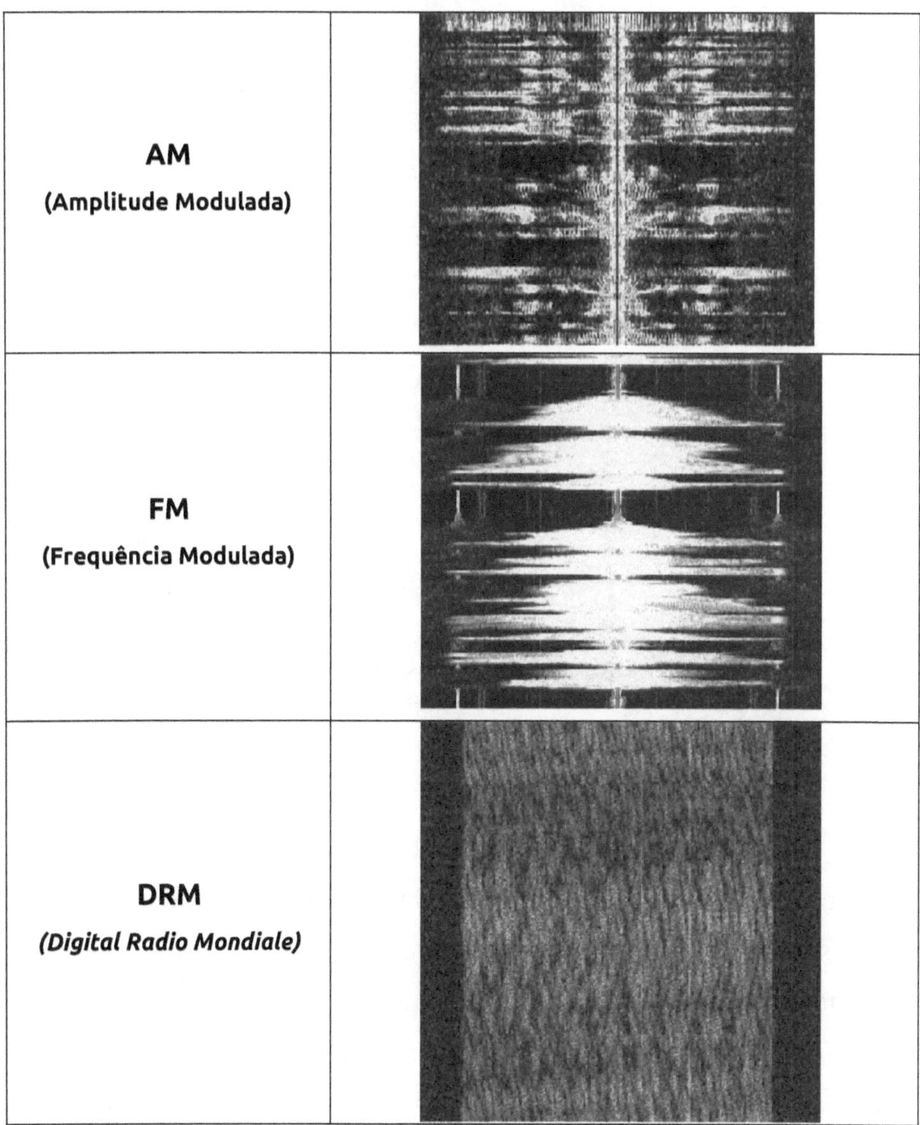

AM (Amplitude Modulada)	
FM (Frequência Modulada)	
DRM (Digital Radio Mondiale)	

Fonte: [59]

Estação de Radioescuta com SDR

A pequena dimensão do SDR é outro atrativo para os radioescutas. O equipamento possui pequena dimensão e facilita o transporte em deslocamentos para acampamentos e viagens [60]. O radioescuta que não possui equipamento de rádio pode utilizar servidores de rádio *online*, isto é, um WebSDR. Existem inúmeros servidores remotos para monitoramento do espectro eletromagnético.

Aplicativo SkyWave WebSDR

Os WebSDR possibilitam o acesso de radioescutas de todo o mundo, gratuitamente, para o monitoramento de estações de rádio internacional, radioamadores e outros serviços. Os dispositivos possuem ampla faixa de monitoramento, e ainda, diferentes modos de recepção. Na atualidade, os radioescutas utilizam os WebSDR para acompanharem transmissões em formatos digitais, principalmente, DRM em ondas curtas.

Uma lista de servidores remotos está disponível no link http://kiwisdr.com/public/, bem como em aplicativos para telefones móveis. O Skywave Schedules, por exemplo, possibilita acesso aos WebSDR com recepção em DRM.

A GUERRA ELETRÔNICA

Os radioescutas são pessoas comuns que dedicam horas do seu dia em busca de sinais de emissoras de rádio distantes ou desconhecidas. É um passatempo, mas também existem profissionais que realizam essa pesquisa de maneira recorrente. O monitoramento do espectro de radiofrequências é uma atividade que desperta o interesse dos profissionais de Guerra Eletrônica e Defesa Cibernética. Esse segmento de estudo das agências de inteligência é dedicado à pesquisa de sinais radioelétricos de forças inimigas ou que coloquem em risco a segurança nacional.

A Agência Brasileira de Inteligência (ABIN), o Departamento de Polícia Federal (DPF) e a Polícia Rodoviária Federal (PRF) atuam em defesa do território brasileiro cibernético. Essas instituições atuam em apoio à Agência Nacional de Telecomunicações (ANATEL), que realiza o monitoramento sistemático das comunicações via rádio no Brasil. A instituição possui um Sistema de Gestão e Monitoragem do Espectro (SGME) que possibilita a varredura das comunicações remotamente, a partir de diversas antenas e sensores de rádio instalados no país [61].

A Guerra Eletrônica é um segmento acadêmico na especialidade de comunicações nas carreiras militares brasileiras. O Exército, Marinha e Aeronáutica possuem unidades e laboratórios especializados em Defesa Cibernética. O Centro de Defesa Cibernética (CDCiber) do Exército Brasileiro coordena as ações de defesa terrestre, protegendo o território nacional contra ataques virtuais de *hackers*. O Exército Brasileiro também possui o Sistema

Integrado de Monitoramento de Fronteiras (SISFRON), equipado com dispositivos de alta tecnologia para vigilância das comunicações [62].

A Marinha possui o Sistema de Gerenciamento da Amazônia Azul (SisGAAz), que atua na vigilância eletrônica do litoral. A instituição também organizou o Grupo de Sistemas de Guerra Eletrônica (GSGE), investindo no desenvolvimento de equipamentos de micro-ondas e processamento de sinais para detecção de padrões de comunicações utilizados em embarcações no litoral brasileiro [63].

A Força Aérea Brasileira (FAB) coordena o Programa Estratégico de Sistemas Espaciais (PESE), um projeto que tem por objetivo lançar satélites de órbita baixa e geoestacionária para fornecer serviços de telecomunicações, mapeamento de informações e monitoramento do espaço a partir de um centro de operações. O PESE utiliza o conceito de "guerra centrada em rede" [64]. Outra unidade importante da FAB é o Laboratório de Guerra Eletrônica (LAB-GE). Este centro de estudos é dedicado ao aprimoramento dos conceitos e produtos de Defesa em Defesa Cibernética. A unidade de pesquisa pertencente à Divisão de Engenharia Eletrônica do Instituto Tecnológico de Aeronáutica (ITA) e está vinculado ao Programa de Pós-Graduação em Aplicações Operacionais (PPGAO). O LAB-GE oferta o Curso de Especialização em Análise de Ambiente Eletromagnético (CEAAE) para aperfeiçoamento dos militares da Força Aérea Brasileira (FAB) [65].

O monitoramento da Amazônia também é estratégico e, por isso, em 2002, foi criado o Sistema de Vigilância da Amazônia (SIVAM). O projeto foi instituído para realizar o monitoramento da floresta tropical utilizando radares, satélites e sistemas de comunicações. Pouco tempo depois, em 2003, o SIVAM foi transferido para o Ministério da Defesa e recebeu a designação de Centro Gestor e Operacional do Sistema de Proteção da Amazônia (CENSIPAM). O CENSIPAM possui um Centro de Coordenação Geral (CCG) em Brasília/DF e três centros regionais, localizados em Belém/PA, Manaus/AM e Porto Velho/RO. A instituição surgiu com aptidão natural para atuação em Guerra Eletrônica e Defesa Cibernética [66].

Em 2013, ingressei no CENSIPAM para atuar na gestão das comunicações via satélite na Amazônia, em especial, no âmbito dos estados do Acre, Mato Grosso, Rondônia e Sul do Estado do Amazonas. Pouco tempo depois, assumi a coordenação técnica e de engenharia. Em 2020, fui convidado para ser transferido para o Laboratório de Guerra Eletrônica do ITA [67]. A escassez de profissionais de engenharia de telecomunicações qualificados para Guerra Eletrônica e Defesa Cibernética é notória no país e, por isso, em 2021, o Ministério da Defesa e o CENSIPAM optaram pela minha transferência para o Centro Geral de Coordenação em Brasília/DF [68].

No Brasil, existem diversos projetos estratégicos para monitoramento do espectro eletromagnético em andamento, bem como Defesa Cibernética. O teatro de operações das forças de defesa se confunde com o campo de pesquisa do radioescuta. Não é incomum um radioescuta ou radioamador encontrar um sinal de comunicação suspeito e informar às autoridades para análise e intervenção.

Antecedentes Históricos

Os antecedentes que delimitam a gênese da Guerra Eletrônica resgatam incidentes e conflitos ao longo da história moderna. Existem pesquisadores que consideram as ações estratégicas de tropas medievais dissuadindo seus oponentes com sinais luminosos falsos, ou ainda, a simbologia de povos egípcios com mensagens criptografadas como primórdios da Guerra Eletrônica. Contudo, entendemos que a invenção do Código Morse e o lançamento das linhas telegráficas é o ponto de partida para formação das agências estatais dedicadas ao monitoramento e inteligência de sinais.

Estação de Rádio Alemã em 1915

Entre 1904 e 1905, durante a Guerra Russo-Japonesa, as comunicações telegráficas sem fio foram utilizadas com intensidade. Por isso, as tropas investiram em medidas de ataque eletrônico para impedirem o tráfego de mensagens. Pouco tempo depois, em 1915, as comunicações telegráficas eram utilizadas na Primeira Guerra Mundial. As Tropas alemãs instalaram postos de interceptação e monitoramento das comunicações em seu território [69].

Durante a Segunda Guerra Mundial, as forças alemãs tinham 12.000 homens dedicados à Inteligência de Comunicações *(Nachrichtenaufklaerung)*, Rádio Inteligência *(Funkaufklaerung)* e o Serviço de Interceptação *(Horchdienst)*. Eles atuaram intensamente na Guerra Civil Espanhola (1937), Campanha da Tchecoslováquia (1938), Bálcãs (1941) e contra os britânicos (1942). Entre os aliados, destaca-se a Estação X, em Bletchley Park, onde Alan Turing desvendou a metodologia de criptografia de mensagens da máquina alemã Enigma [70].

Depois da Segunda Guerra Mundial, houve a polarização geopolítica formada pelo Eixo Ocidental, com Estados Unidos e Inglaterra, contra o Eixo Oriental, controlado pela União das Repúblicas Socialistas Soviéticas (URSS) e a China. A Guerra Fria e a Corrida Espacial acirraram o desenvolvimento de tecnologias e recursos em Guerra Eletrônica. As superpotências investiram pesado nas agências de espionagem. Os Estados Unidos fomentaram a NSA *(National Security Agency)* e a CIA *(Central Intelligence Agency)*. A Inglaterra intensificou a Seção 6, isto é, a ala de espionagem da Inteligência Militar (MI6). A URSS criou a agência secreta KGB [71].

No final do Século XX, os inimigos tradicionais das agências secretas se dissolveram com a abertura das fronteiras do Eixo Oriental e o desmantelamento da URSS. Contudo, o terrorismo surgiu como nova ameaça comum. Depois do atentado de 11 de setembro, contra as torres gêmeas do *World Trade Center*, as ações dos grupos extremistas passaram a assombrar os países em todos os continentes [72]. Além dos ataques convencionais, com artefatos explosivos e armas, também surgiram os ataques cibernéticos. A Guerra Eletrônica também alcançou o espaço virtual e, com isso, as agências de inteligência adotaram medidas para preservarem o espaço físico e o virtual das nações. A Guerra Cibernética é mais um campo de atuação para os especialistas de defesa.

Conceitos e Aplicações

As forças de defesa e segurança possuem agentes especializados em Guerra Eletrônica *(Electronic Warfare)*. Em geral, a estrutura é formada por um departamento de Inteligência de Sinais *(SIGINT-SIGnals INTelligence)* que é responsável pelo monitoramento do espectro eletromagnético. As equipes de SIGINT são formadas por profissionais em Inteligência de comunicações *(COMINT-COMmunications INTelligence)* e a Inteligência Eletrônica *(ELINT- Electronic INTelligence)*. A COMINT monitora as comunicações, por voz ou dados, identificando alvos e analisando o tráfego de mensagens. A ELINT é a engenharia de rádio, processando sinais de radares e interpretando pulsos radioelétricos emitidos por fontes desconhecidas.

Teóricos e pesquisadores classificam os estudos em Guerra Eletrônica em três segmentos de atuação: a) Medidas Passivas; b) Contramedidas; c) Anti-Contramedidas. No Brasil, é adotada a denominação de: a) Medidas de Apoio de Guerra Eletrônica

(MAGE); Medidas de Ataque Eletrônico (MAE); e Medidas de Proteção Eletrônica (MPE) [73].

As medidas passivas (MAGE) são adotadas a partir do suporte eletrônico para detecção de sinais de rádio das forças inimigas e interceptação das comunicações. Para tanto, as agências de inteligência investem em recursos para monitoramento de pulsos de radares e canais de comunicação de voz ou dados no espectro eletromagnético.

Contramedidas de Radiocomunicação

Técnica	Vantagens	Desafios	Exemplo
Supressão (*jamming*)	Custo moderado Fácil operação	Limitada à cobertura e propagação atmosférica	Bloqueadores de Celular em Presídios
Enganar (*spoofing*)	Aparente normalidade de operação	Alto custo de operação e manutenção	Captura de *Drone*

Entre as medidas passivas de monitoramento também são utilizados equipamentos que buscam a origem da emissão das transmissões inimigas (DF - *Direction Finding*). A Radiogoniometria é o ramo da engenharia de telecomunicações utilizada para determinar a posição de um alvo, identificando a fonte de emissão de sinais de rádio no teatro de operações. As estações DF utilizam programas computacionais que analisam a intensidade dos sinais de rádio com diferentes antenas de recepção, de maneira que seja possível a localização e identificação da origem dos sinais por meio da triangulação geográfica.

Captura do *Drone* RQ-170 Sentinel

As contramedidas são atividades que tem por objetivo perturbar as forças inimigas (MAE). Elas representam a parte ativa da Guerra Eletrônica. Isso é obtido por meio de técnicas que podem interromper as comunicações das forças inimigas ou dissuadir os sistemas de vigilância por meio de sinais que possam induzir pistas falsas em seus equipamentos. A supressão dos sinais de rádio, conhecida por *Jamming*, é uma prática comum e de fácil utilização. Basta identificar a regularidade das comunicações das forças inimigas em uma faixa de frequências e instalar equipamentos que possam emitir sinais que inviabilizem as comunicações. Isso é muito comum nos presídios, que utilizam equipamentos que bloqueiam as comunicações dos telefones móveis por meio de emissões que aumentam o ruído em relação ao sinal de telefonia móvel.

Emitir sinais de rádio que possam enganar as forças inimigas é algo mais sofisticado, pois necessita de infraestrutura que possibilite a simulação dos sistemas de controle *(spoofing)*. O caso mais famoso ocorreu em 2011, quando um *ScanEagle* norte-americano foi capturado pelas forças militares iranianas. O *Drone* RQ-170 Sentinel foi enganado enquanto realizava uma missão de espionagem [74]. Os iranianos criaram uma rede de radiocomunicação que emitia coordenadas falsas para aeronave, que pousou pacificamente no aeródromo determinado pelos *hackers*. Em seguida, o equipamento espião passou por engenharia reversa, para obtenção de informações secretas sobre detalhes construtivos e pontos vulneráveis.

Frequências dos Satélites de Geolocalização

Satélite	Designação	Frequência
GPS	L1	1575.42MHz ±12MHz
	L2	1227.60MHz ±12MHz
	L5	1176.45MHz ±12MHz
GLONASS	L1	1602MHz + k*0.5625MHz
	L2	1246MHz + k*0.4375MHz
BeiDou-2	L1	1561.098 MHz ±2.046MHz
	L2	1207.14MHz ±10.23MHz
	L3	1268.52MHz ±10.23MHz

As forças iranianas utilizaram sinais falsos de GPS para enganar o robô espião. Os sinais dos satélites de geolocalização são enviados em frequências conhecidas, e ainda, possuem protocolo de recepção aberto para detecção da posição por qualquer tipo de aparelho. Dessa maneira, os *hackers* criaram uma rede de dados que simulava os satélites de GPS.

As medidas de proteção eletrônica, ou anti-contramedidas, tem por objetivo preservar as comunicações aliadas. Isso significa criar mecanismos para redundância ou segurança das mensagens. A utilização de recursos químicos ou mecânicos também podem resultar em ações de anti-contramedida em Guerra Eletrônica. Por exemplo, na Segunda Guerra Mundial eram utilizados balões e placas de metal que induziam alvos falsos nos radares inimigos. Dessa maneira, a artilharia desperdiçava munição e, mais importante, entregava sua localização no *front* de batalha.

Em 2019, uma Aeronave Remotamente Pilotada (RPA), popularmente conhecida como *Drone*, interrompeu as operações do aeroporto de Congonhas, em São Paulo/SP, por 20 minutos. Essa interrupção provocou o atraso de, pelo menos, 16 voos [75]. Em 2020, a concessionária Ecoponte, que opera a ponte Rio-Niterói, acionou a Polícia Rodoviária Federal e DECEA para impedir a ação de um homem que realizava filmagens em uma área de segurança da ponte [76]. Esses incidentes preocupam as autoridades e, por isso, são avaliadas contramedidas de segurança. Existem alternativas tecnológicas para utilização de *Jamming* ou *Spoofing*, uma vez que os incidentes, em geral, ocorrem com dispositivos de recreação que possuem frequências de controle conhecidas.

Contudo, a detecção de um piloto de *Drone* em campo não é uma tarefa simples, uma vez que a área de cobertura do sinal de rádio da aeronave alcança algumas dezenas de quilômetros quadrados com facilidade. Isso significa dizer que é quase impossível localizar o controlador da aeronave em um perímetro urbano com grande densidade populacional. Além disso, nas grandes metrópoles também existem inúmeras fontes de emissão de sinais de rádio semelhantes, ou seja, a poluição eletromagnética pode dificultar a localização de um piloto invasor. Também existem dispositivos autônomos ou que utilizam enlaces de satélites para comando e controle.

Frequências de Operação de *Drones*

Parâmetro	Frequência	Técnica
Comando e controle remoto	27MHz 35MHz 40MHz	
Downlink de dados	72MHz 328-352MHz 400MHz 433MHz 560-760MHz, 915MHz 933MHz 1,2GHz 2,4GHz 5,8GHz	FHSS DSSS WiFi *Bluetooth*
Downlink vídeo	433MHz 328-334MHz 1.2GHz 2.4GHz 5.8GHz	WiFi Analógico PAL/NTSC PSK OFDM

Estratégias de Contramedidas para Ataques com *Drones*

Técnica	Efeito		Alcance	Vantagens	Desafios
Supressão por Rádio (*Jammig*)	Comando e controle	Retorna para o operador	<3 km	Área de alcance	Limitado a *Drone* com piloto
	Sinal de Satélite	Perde o controle	3-4 km	Sem interferências em outros serviços	Área de alcance
Enganar o alvo (*Spoofing*)	Comando e controle	Captura do alvo	<2 km	Controle do *Drone*	Exige alta tecnologia
	Sinal de Satélite	Pouso vertical Voa em direção oposta	2-3 km	Sem interferências	Alcance limitado

Perímetro de Cobertura de Rádio de um *Drone*

No exemplo acima foi realizada a predição da cobertura do sinal de rádio de um *Drone* sendo controlado na frequência de 2,4GHz, estabilizado em 50 m de altitude, na cidade de Porto Velho/RO. No modelo proposto, verifica-se que o perímetro de cobertura do dispositivo coincide com todo o perímetro urbano da cidade, isto é, o piloto da aeronave pode estar em qualquer ponto da cidade [77].

Equipamentos de Inteligência de Sinais

Os equipamentos utilizados pelas agências de inteligência e forças de defesa são fabricados por grandes corporações de tecnologia e telecomunicações, integrando sistemas e recursos de monitoramento. Para varredura do espectro eletromagnético existem dispositivos de grande porte, voltados para aplicações de vigilância continuada, comunicações críticas e sensíveis, bem como equipamentos portáteis, para utilização em campo.

Equipamentos Portáteis de Campo

Os sistemas de monitoramento de sinais de rádio utilizam analisadores de espectro que medem a intensidade de energia propagada no espaço. O radioescuta identifica essa característica em receptores que exibem o nível de sinal em escala de decibéis ou com barras gráficas no painel. Os equipamentos de rádio definido por *software* (SDR – sigla em inglês) possuem recursos de visualização dos sinais elétricos em escala no domínio do tempo e frequência, apresentando a distribuição de potência no canal de comunicação. Os SDR são ferramentas poderosas, mas para uso profissional, em Guerra Eletrônica, são utilizados os analisadores de espectro, que possuem calibração refinada, adequada para mensuração de sinais e identificação de emissões inimigas.

Os equipamentos de busca de direção (DF – sigla em inglês) utilizam múltiplas antenas de recepção para medida de um sinal radioelétrico a partir de diferentes posições. Esse conjunto de antenas também é denominado de Interferômetro. A resolução e precisão de um sistema DF depende do número de antenas utilizadas como sensores de varredura do espectro eletromagnético.

Também são utilizados sítios de monitoramento de canais de rádio instalados em posições geográficas diferentes. As antenas são posicionadas em distâncias conhecidas, possibilitando a identificação de um ponto de emissão a partir da triangulação. Isso é possível com três sítios instalados em localidades diferentes. O sistema DF mede a intensidade de um sinal de rádio, em cada uma dessas localidades, e determina a direção de maior nível verificado. O algoritmo computacional realiza a sobreposição das três direções medidas pelas estações de vigilância e faz a triangulação do ponto de emissão. O ponto de convergência das três direções é definido em um mapa eletrônico que aponta a localização do alvo inimigo.

A Rohde & Schwarz é um bom exemplo de empresa de tecnologia que investe no desenvolvimento de soluções em monitoramento e vigilância das comunicações. Este fabricante possui diversas soluções para utilização em Guerra Eletrônica, com destaque para os sistemas móveis e portáteis [78]. Também são fornecedores de soluções de Guerra Eletrônica a Keysight [79], Harris Communications [80], Motorola entre outros [81].

Equipamento de Localização de Sinais de Rádio

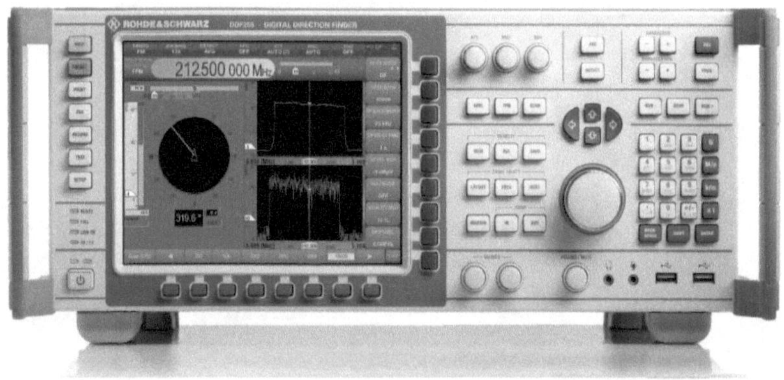

Antena e Veículo Tático de Guerra Eletrônica

Mochila Tática e Antena de Varredura do Espectro

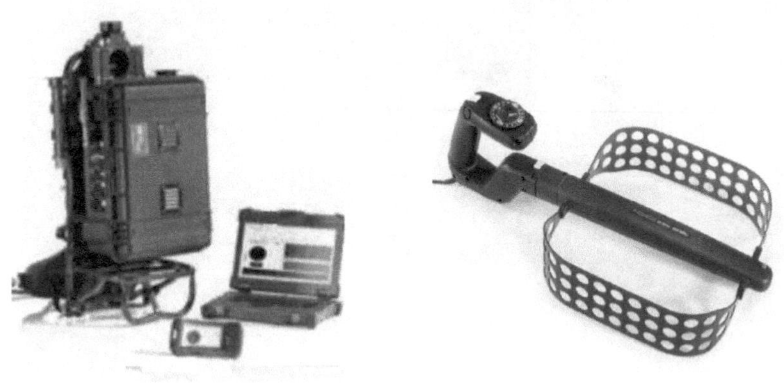

Veículo Camuflado de Monitoramento

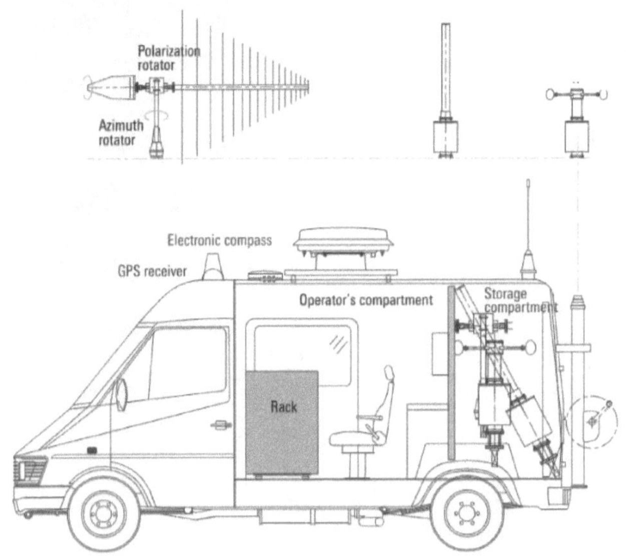

LEITURAS COMPLEMENTARES

A prática de radioescuta exige aprendizagem contínua para aperfeiçoamento das habilidades necessárias ao monitoramento do espectro de eletromagnético. Para tanto, recomendamos a leitura de livros e conteúdos digitais sobre o tema. Dessa maneira, o radioescuta aprimora seus conhecimentos e amplia as possibilidades de diversão com o passatempo.

Existem artigos, livros e revistas com textos de radioescutas brasileiros que são importantes referências técnicas e históricas em língua portuguesa. Entre os anos 1970 e 1980, destacamos o conteúdo das revistas *"Antena: Eletrônica Popular"*. Este periódico especializado era muito importante entre profissionais e radioescutas. As colunas de radioamadorismo, rádio recepção e transmissão, sempre apresentavam projetos relevantes com antenas e acessórios para os radioescutas. Os artigos também apresentavam dicas com frequências para monitoramento de emissoras de radiodifusão e concursos de radioamadores [82].

Nos anos 1990, o radioescuta Marcos Álvares Barbosa lançou o livro *"Radioescuta: o mundo em suas mãos"*. Nessa obra, o autor apresenta, brevemente, algumas características técnicas das bandas de rádio em ondas curtas. A abordagem é bem simples, utilizando linguagem apropriada para todos os públicos de leitores radioescutas. Este trabalho foi pioneiro e contribuiu para instigar outros apreciadores do rádio a organizarem seus livros [83].

Em 1994, o livro *"Manual do Radioescuta"* foi lançado pelo radioamador e radioescuta Alencar Aldo Fossá (PY3CEJ). Este livro aprofunda os conteúdos técnicos sobre as ondas curtas, bem como acrescenta outras modalidades de monitoramento do espectro eletromagnético. Para tanto, são relacionados conceitos de comunicação via satélite, sinais de televisão e emissoras em frequência modulada [84].

Naquele período também foi lançado o livro *"O que é rádio em ondas curtas"* pelo jornalista Célio Romais. Esta obra faz parte de uma coleção denominada *"Primeiros Passos"*. O livro possui abordagem diferente de seus antecessores. O autor destaca a importância das emissoras de rádio em ondas curtas nas comunicações internacionais. Ele descreve a evolução das comunicações via rádio, bem como reproduz algumas previsões sobre o futuro da radiodifusão. É bom destacar que, durante os anos 1990, a internet estava em seus primórdios e todos os especialistas especulavam o fim do rádio a partir da evolução das comunicações via satélite. Diversos canais de rádio e televisão surgiam nas antenas parabólicas das casas em todo o mundo [85].

A evolução das comunicações digitais, que cresceu muito nos anos 2000, ofuscou ainda mais o brilho do rádio, bem como contribuiu para reduzir o interesse das pessoas para se tornarem radioescutas. Os computadores domésticos disponibilizaram jogos e internet nas casas das famílias. A internet também trouxe músicas e vídeos *online*, um entretenimento que estava restrito ao rádio e televisão [86].

Neste período, destacamos as publicações regulares da coluna *"Sintonizando Ondas Curtas"* nas revistas *"Eletrônica Total"*. Os artigos do jornalista Valter Aguiar eram importantes referências sobre a radioescuta em nosso idioma. Os textos apresentavam dicas de frequências, endereços postais para envio de cartões QSL, entre outros dados das emissoras internacionais [87].

Os clubes e associações de radioescutas também eram divulgados nas revistas especializadas de eletrônica e telecomunicações. Nesse período existiam encontros e eventos organizados por radioescutas em todas as regiões do país. Algumas instituições ainda estão em atividade, com destaque para a Associação DX do Brasil, o DX Clube do Brasil e o DX Clube Sem Fronteiras. Os grupos de radioescutas brasileiros produzem, regularmente, boletins e informes para seus associados. Eles também contribuem com a produção de conteúdo para os programas das emissoras internacionais de ondas curtas [88], [89], [90].

As mudanças tecnológicas e a digitalização dos serviços de radiodifusão avançaram nos anos 2010 e, nesta década, o telefone celular alcançou mais de 95% das famílias brasileiras. O rádio, por sua vez, ficou restrito aos poucos ouvintes tradicionais. Essas pessoas apreciam a tecnologia da maneira que conheceram antes do advento das comunicações móveis [91].

Em meio às mudanças de comportamento provocadas pelo telefone celular, a contribuição dos radioamadores brasileiros foi muito relevante para manutenção das atividades dos radioescutas. A migração das emissoras de rádio para o mundo virtual deixou uma lacuna irreparável no *dial* dos rádios receptores. Por isso, alguns grupos de radioamadores organizaram transmissões dedicadas aos ouvintes das ondas curtas. A Rodada dos Radioescutas, com o radioamador Ulysses Galetti (PY2UAJ), abordava conteúdos técnicos e interação com os ouvintes pelas mídias sociais [92]. Outra contribuição relevante é do radioamador Roland Zurmely (PY4ZBZ), que disponibilizou denso conteúdo técnico sobre radioamadorismo e radioescuta na plataforma QSL.net [93].

Em 2017, o radioescuta Antônio Argolo Silva Neto publicou o livro *"Imagens do rádio: Elementos para uma análise da sintonia internacional no Brasil"*. Nesse trabalho, o leitor pode conhecer o portfólio de cartões QSL do experiente radioescuta brasileiro. A obra possui viés acadêmico, contribuindo, inclusive, para o Programa de Pós-Graduação em Desenho, Cultura e Interatividade, da Universidade Estadual de Feira de Santana (UEFS) [94].

Na atualidade, o livro *"O Rádio Internacional: das Ondas Curtas à Internet"* apresenta-se como importante referência de consulta do radioescuta. O trabalho foi lançado em 2019 e descreve, cronologicamente, a transição das emissoras internacionais em ondas curtas para o mundo virtual. Este livro foi organizado pelo jornalista Valter Aguiar e também possui abordagem acadêmica. Nesta obra é possível conhecer um breve histórico das emissoras internacionais que transmitiam em ondas curtas para o Brasil [95].

Outra referência importante, com repercussão internacional, são os conteúdos *"faça você mesmo"* (DIY – sigla em inglês) publicados pelo radioamador e radioescuta Ricardo Carratti (PU2CLR). Ele desenvolveu diversas bibliotecas para fabricação e montagem de sofisticados receptores de radioescutas utilizando microcontroladores e circuitos integrados (CI) com processadores digitais de sinais (DSP). O DSP utilizado nos protótipos é o mesmo utilizado em equipamentos comerciais importados. As bibliotecas, os códigos-fontes e os tutoriais com os diagramas de ligação utilizando placas Arduíno e o CI Si47XX foram disponibilizados na comunidade *"GitHub"* para distribuição gratuita [96]. Depois disso, houve uma avalanche de vídeos nas mídias sociais com radioescutas de todo o mundo demonstrando seus testes com receptores de ondas curtas caseiros [97].

As publicações em outros idiomas também são importantes referências e não devem ser desprezadas. Em inglês, por exemplo, existem inúmeros trabalhos com versões impressas e digitais. A publicação com maior tradição e popularidade entre os radioescutas é o *"World Radio TV Handbook"* (WRTH). Este catálogo internacional possui mais de 70 edições e apresenta a relação de estações de rádio em ondas curtas, televisão, revisão de equipamentos e outros serviços de telecomunicações. O conteúdo também inclui endereços de correspondência e frequências ativas para escutas [98].

A coleção inglesa *"History of Technologies Series"* é outro documento relevante e apresenta dois volumes dedicados à história da radiodifusão internacional. O conteúdo foi organizado pelo professor James Wood e publicado, inicialmente, em 1992. O livro descreve a contribuição e envolvimento das emissoras internacionais em diferentes momentos da história do mundo moderno [99].

As publicações do Instituto de Engenheiros Eletricistas e Eletrônicos (IEEE – sigla em inglês) e da União Internacional de Telecomunicações (UIT – sigla em inglês) também enriquecem a biblioteca do radioescuta. A revista *"IEEE Spectrum"*, por exemplo, apresenta tendências de novas tecnologias empregadas na radiodifusão, televisão e comunicações móveis [100]. A revista *"ITU News"* também divulga material atualizado sobre telecomunicações e gestão do espectro de rádio [101].

Essas revistas, bem como outras publicações impressas, possuem versões digitais do conteúdo, que estão disponíveis nas plataformas virtuais. Nas páginas de internet das emissoras internacionais também é possível obter conteúdo técnico de excelente qualidade. A BBC, por exemplo, disponibiliza guias e instruções *online* em suas páginas de relacionamento com os ouvintes [102].

Outras fontes de informação importantes são os bancos de dados para consulta de frequências utilizadas pelas emissoras internacionais. A página mais utilizada pelos radioescutas é o *"Short-Wave.Info"*. Essa plataforma possui acesso livre, disponibilizando informações de acordo com a banda, horário, e ainda, apresenta um mapa com a localização da antena transmissora e o nível de sinal de rádio estimado na região onde é feita a escuta [103].

Por fim, a base de dados da página *"Priyom.org"* é uma referência para acompanhar as transmissões de estações números, com os misteriosos sinais criptografados. Ela disponibiliza informações que são compartilhadas por radioescutas de todo o mundo. O portal possui acesso anônimo, para preservar os radioescutas que participam dos fóruns de discussão. As mensagens postadas atualizam a relação de estações espiãs que estão em atividade em todos os continentes [104].

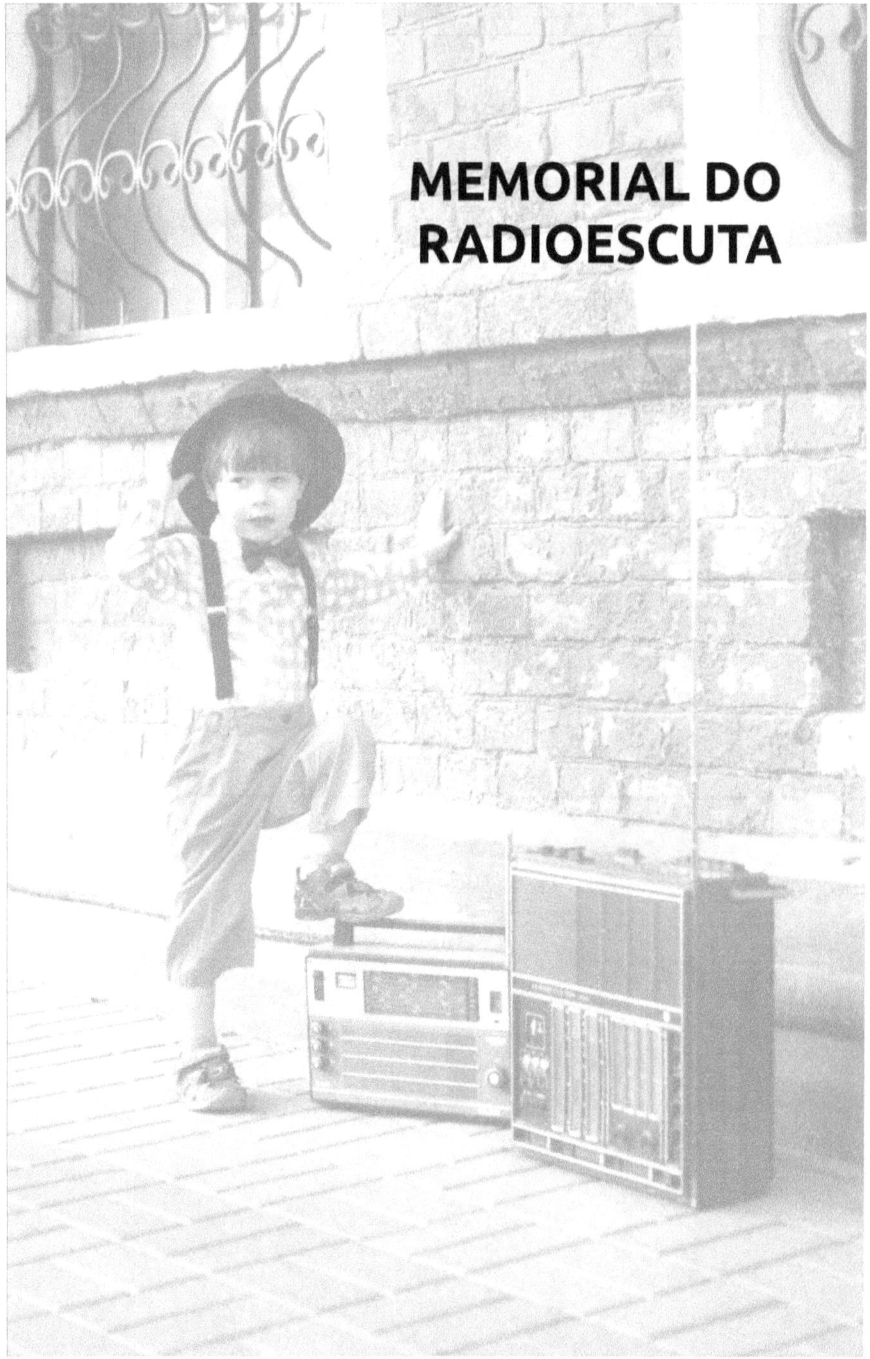
MEMORIAL DO
RADIOESCUTA

MEMORIAL DO RADIOESCUTA

Ao longo dos anos como radioescuta e profissional do segmento de telecomunicações vivenciei momentos gratificantes no mundo do rádio. Por isso, compartilho com todos os leitores deste livro algumas lembranças, fotos e, principalmente, cartões de confirmação de escuta de emissoras de rádio em ondas curtas. Os cartões de confirmação, ou QSL em linguagem técnica, são verdadeiros troféus para os radioescutas. Eles comprovam a aptidão técnica do ouvinte de rádio em ondas curtas.

O material que compõe este acervo apresenta um breve retrato do mundo do rádio em ondas curtas nas décadas de 1990, 2000 e 2010. Naqueles tempos era muito comum ouvir rádio em ondas médias, ondas tropicais e ondas curtas. A internet e telefone celular estavam se popularizando e as pessoas ainda ouviam rádio porque aprenderam o passatempo com suas famílias, em suas casas. O aparelho de rádio também estava presente no trabalho, nos automóveis, nos bares e nos estádios de futebol.

A partir dos anos 2010, o telefone celular com internet móvel se popularizou e, rapidamente, se fez presente em mais de 90% dos lares dos brasileiros. O aparelho de rádio, por sua vez, está desaparecendo fisicamente. Os programas transmitidos pelas emissoras de rádio FM, AM ou ondas curtas continuam existindo, mas nas novas plataformas digitais.

CARTÃO QSL RÁDIO FRANÇA INTERNACIONAL (1992)

CARTÃO QSL VOZ DA AMÉRICA (1992)

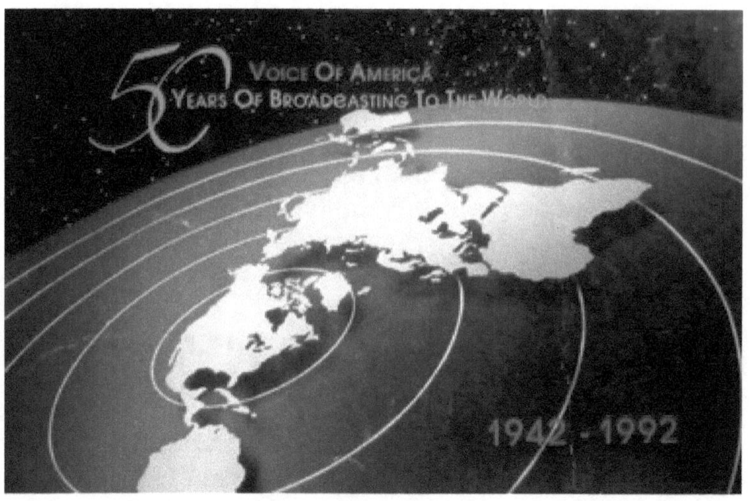

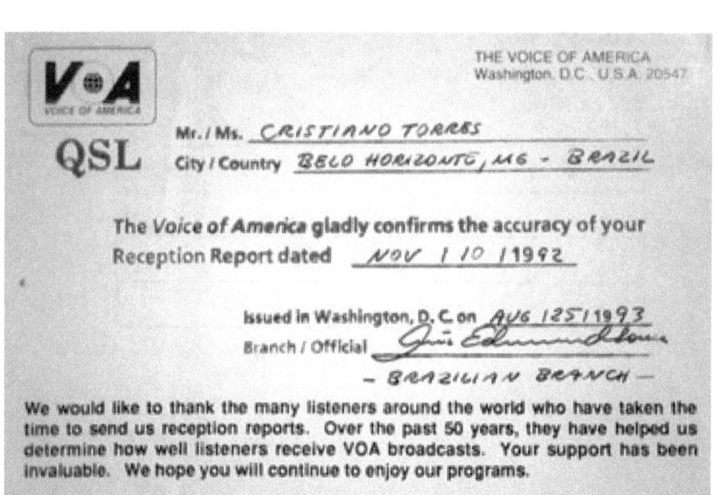

CARTÃO QSL RÁDIO MOSCOU INTERNACIONAL (2000)

Prezado amigo
recebemos seu relatorio de recepção
com os seguintes dados:

Data	Hora	Frequencia
12.07.2000	23:33	12.010 khz

Obrigado por sua colaboração!

RMI RUSSIA

CARTÃO QSL RÁDIO CANADÁ INTERNACIONAL (2000)

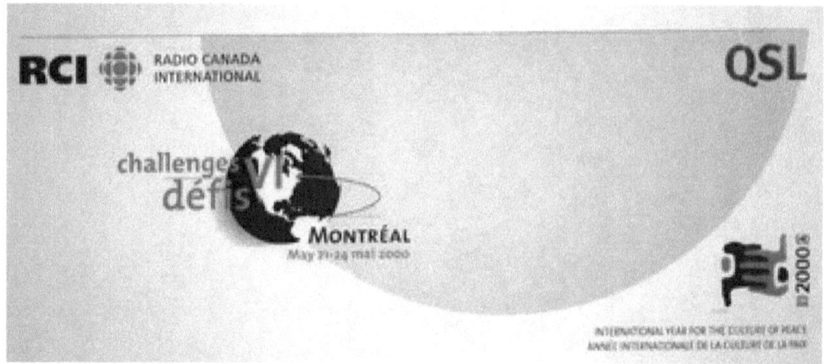

CARTÃO QSL RÁDIO BULGÁRIA (2008)

Estimado amigo Cristiano,   21.01.2008

Le confirmamos la sintonía el día 20 de enero de 2008, a las 22:00, en 9700 kHz. Le agradecemos el interés que muestra hacia nuestros programas y esperamos mantener un contacto permanente y fructífero. Cordiales saludos de los integrantes de Radio Bulgaria en español.

Atte:

CARTÃO QSL RÁDIO DEUSTCHE WELLE (2000)

CARTÃO QSL RÁDIO ARGENTINA AO EXTERIOR (2000)

Sr. Cristiano Amaral

Rua Avelino Giarola, 272

Belo Horizonte - MG

Brasil

      Por meio deste confirmamos sua escuta da emissão da RAE/Português, do dia 28 de julho de 2000, às 00 50 hs UTC, freqüência de 11710, com um SINPO 43334.

      Cordiais 73!

MARCELA G. R. CAMPOS
DIRECTORA
RADIODIFUSION ARGENTINA AL EXTERIOR

Julieta Galván

CARTÃO QSL RÁDIO NHK (2002)

VERIFICATION CARD

Thank you very much for your reception report on our broadcast.
The information given is in accordance with our schedule.
We hope you will continue to enjoy our programmes and send us your thoughts about them.

受信報告ありがとうございました。内容はラジオ日本の放送と合致しております。これからも番組についてのご感想をお寄せください。

NHK WORLD RADIO JAPAN

NHK TOKYO 150-8001, JAPAN

わが家のペット（群馬県）
An Old Man and His Goat (Gunma Prefecture)

Prezado *Cristiano Torres*

É com prazer que acusamos o recebimento de seu informe de recepção com os detalhes abaixo:

Data: *28 / 04 / 2002*

Horário: 02:30 ~ 03:00 (UTC)   ☐
           10:30 ~ 11:00 (UTC)   ☑

Freqüência: 15.565 MHz   ☐
             15.590 MHz   ☑

Retransmissora: Gûiana Francesa

Serviço: Português para a América do Sul

Desejamos que as condições de escuta sejam favoráveis. Contamos com sua contínua audiência e novas participações.

Atenciosamente,

Equipe brasileira
NHK World Rádio Japão

CARTÃO QSL RDP INTERNACIONAL (2000)

CARTÃO QSL RÁDIO PRAGA (2003)

RADIO PRAGUE
VINOHRADSKÁ 12
120 99 PRAGUE
www.radio.cz

Dear Radio Friend,
Thank you for your reception report

on: 28-3-2003

Sr. Cristiano
Torres

at: 00:00   UTC

We take pleasure in verifying your report on
7345   kHz

Brasil

GOOD LISTENING AND 73s!

Scooter ČAS
Czechoslovakia 1921 (National Technical Museum, Prague)

CARTÃO QSL RÁDIO ROMÊNIA INTERNACIONAL (2004)

Romênia

**RADIO ROMANIA INTERNATIONAL
BUCHAREST**

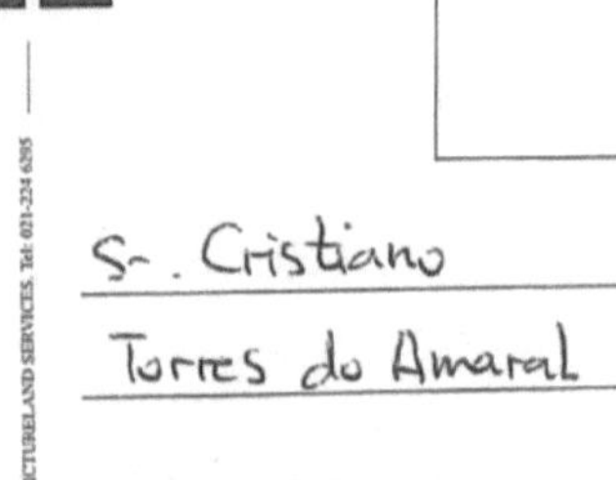

QSL

*This confirms your report of
.....7...09...2004..... concerning our
transmission at .....22:15..... UTC
on ...15.255.... kHz.
Your remarks are of great
interest to us and your further
reports will be much appreciated.
73's*

Black Bird
Turdus Merula

Photo: Romanian National Forest Authority – ROMSILVA

S⁻. Cristiano

Torres do Amaral

CARTÃO QSL RÁDIO HAVANA CUBA (2002)

QSL No. _______________

Confirmado QSO de: CRISTIANO TORRES DO AMARAL

RADIO HABANA CUBA

Fecha 24/12/02   Hora UTC 23:00
(Date)   (Time)

Frec. /k Hz 17705/16   SINPO 33434

TNX QSO, 73's

CALENDÁRIOS DA RÁDIO HAVANA CUBA

CARTÃO QSL RÁDIO TAIPÉ INTERNACIONAL (2003)

中央廣播電台—來自台灣的聲音
Radio Taipei International 〈RTI〉

Cristiano

您所提的報告內容與本台播出的節目一致，謹此證明。

Date : 6/04/03

Hour : 2300   UTC

Frequency(kHz) : 17845

Program language :

To :

Sección Española
de Radio Taipei Internacional

Your report is hereby verified as fully correct.
We would be glad to hear from your again.

Cristiano,
gracias por
su sintonía,

Cordialmente,

Pablo Wang

台灣台北市104北安路55號
P. O. Box 24-38 Taipei, Taiwan 106
http://www.cbs.org.tw
e-mail:cbs@cbs.org.tw

林家花園
Lins' Garden (A Qing Dynasty House built in 1853)

CARTÃO QSL RÁDIO EXTERIOR DE ESPANHA (2000)

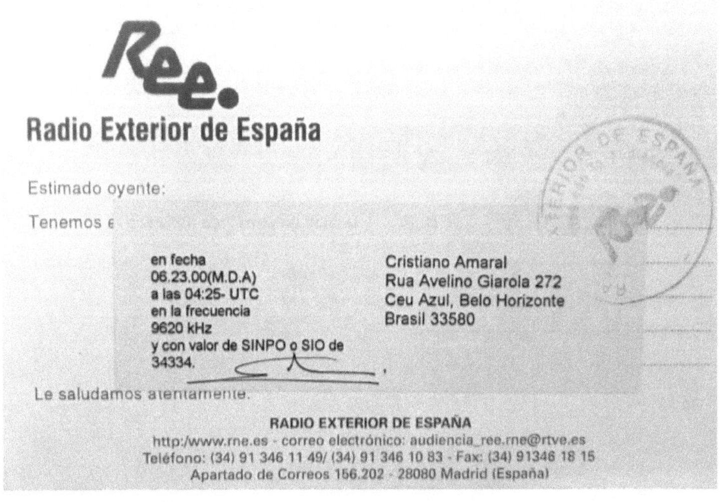

CARTÃO QSL VOZ DA GRÉCIA (2000)

CARTÃO QSL RÁDIO YUGOSLÁVIA (2000)

We gratefully acknowledge your report on

frequency: 9680 kHz

station: Radio Yugoslavia

date: 24.7.2000

time: 23.25 UTC

Cristiano Amaral

RADIO JUGOSLAVIJA
P.O. Box 200, Hilandarska 2
11000 Beograd
YUGOSLAVIA

BRAZIL

Fax: 381 11/ 3232-014

CARTÃO QSL RÁDIO ESLOVÁQUIA INTERNACIONAL (2003)

Philips 930A, 1931-32.
Slovak Museum of Technology,
Kosice

RADIO
**SLOVAKIA
INTERNATIONAL**

DEAR RADIO FRIENDS,

thank you for your report of

the reception of our transmission on

DATE	UTC	FREQ
04.05.2003	0230	9440

PLEASANT LISTENING AND 73!

Radio Slovakia International, Mýtna 1, P.O.BOX 55, 817 55 Bratislava 15, Slovak Republic

Cristiano Torres

Rua Avelino Giarola 272
Belo Horizonte

Brasil, 31580550

CARTÃO QSL FAMLIY RÁDIO (2000)

FAMILY RADIO
Oakland, California 94621
United States of America
www.familyradio.com
E-mail: shortwave@familyradio.com

Thank you for your report indicating reception of WYFR, the International Voice of Family Radio.
This 25th Anniversary QSL Card will confirm your reception.

Date: 9-1-00

Time: 22:30 UTC

Freq./mb: 15130 KHZ

We hope that we may continue to serve you with the programming of WYFR, your Family Radio.

The **WYFR** Staff

To: Cristiano Amaral
R. Avelino Gurgel 272 Ceú Azul
31 580-550 Belo Horizonte
Minas Gerais – MG
Brazil

CARTÃO QSL RÁDIO REPÚBLICA ISLÂMICA DO IRÃ (2000)

IN THE NAME OF GOD
Verification Of Reception Report
Q.S.L   No:1

Dear: Cristiano Torres

This is to officially confirm your reception of the voice of the Islamic Republic of Iran

Date	U.T.C		SW		MW	
	From	To	M.	Freq	M.	Freq

Thank you for listening to the...SPANISH........program of the voice of the Islamic Republic of Iran
Tune in again & keep in touch.

Islamic Republic of Iran Broadcasting
Add: Vali-e-asr Ave., jame jam st., P.O.Box : 19395-6767 Tehran-Iran

CARTÃO QSL RÁDIO PORTUGAL INTERNACIONAL (2002)

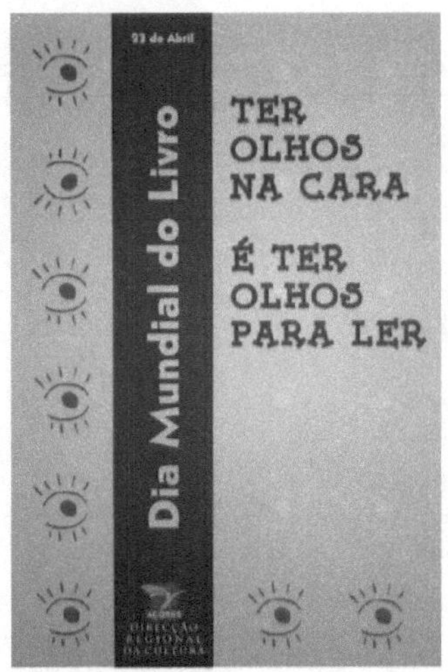

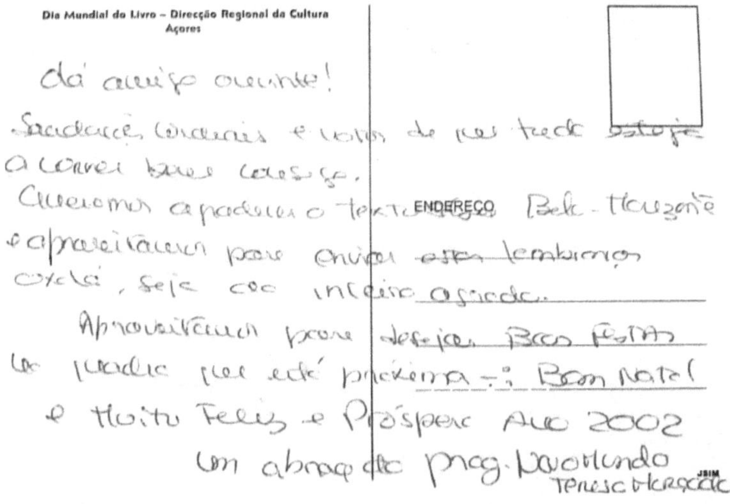

CARTÃO QSL RÁDIO SANTEC (2002)

RADIO SANTEC
DAS WORT-
DIE KOSMISCHE WELLE
DER UNIVERSELLE GEIST

QSL-CARD Number:

Thank you for your reception report of our
transmission:

to: ....
on: ....
at: ....
freq.: ....

which is in accordance with our schedule.
We hope that you will continue to enjoy our
programmes.

REMARKS:

Listen to us via Internet:
www.radio-santec.com
e-mail: info@radio-santec.com

RADIO SANTEC, Marienstr.1, D-97070 Würzburg
Telefon: 0931/3903-264, Fax: 0931/3903-195
Sparkasse Mainfranken Würzburg, Kto-Nr. 4159 3500, BLZ 790 500 00

Sr. Cristiano Torres
Rua Avelino Giarola 272
Ceu Azul
Belo Horizonte, MG 31580-550
Brasil

CARTÃO QSL RÁDIO VOZ CRISTIANA (2003)

Proverb 4:20: God says "Dear friend, listen well to my words; tune your ears to my *Voice*"

Dear Friend,
Thank you for letting us know that you
received our transmission.

We confirm that you heard us on:
Date 23 / Mi / 2003
Time / 16:00 UTC
Frequency 21.500
Transmitter Chile

We really appreciate your interest and
look forward to hearing from you again.
More information about us can be found
at:
http://www.christian-vision.org

To
Cristiano Torres
Belo Horizonte
MG
Brasil

Radio Voz Cristiana & Radio Christian Voice
International Office: Ryder Street, West Bromwich. B70 OEJ. England

CARTÃO QSL RÁDIO HCJB (2000)

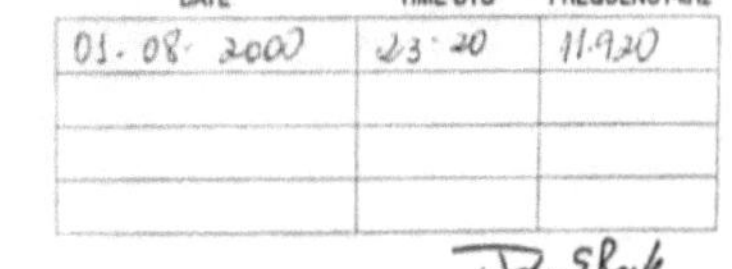

Amsterdam 2000 is a conference organized by the Billy Graham Evangelistic Association for 10,000 evangelists and church leaders from around the world (185 countries and territories). July 29 through August 6, 2000 - Amsterdam, The Netherlands

TO: Cristiano Torres Amaral

We wish to thank you for your reception report. We have found it correct and hereby acknowledge it with this verification card.

DATE	TIME UTC	FREQUENCY-kHz
01-08-2000	23:20	11.920

John E. Back, Station Manager

WE APPRECIATE YOUR INTEREST IN OUR PROGRAMS AND INVITE YOU TO WRITE AGAIN.

SPECIAL EDITION July - August 2000

HCJB
WORLD RADIO

CARTÃO QSL RÁDIO CANÇÃO NOVA (2000)

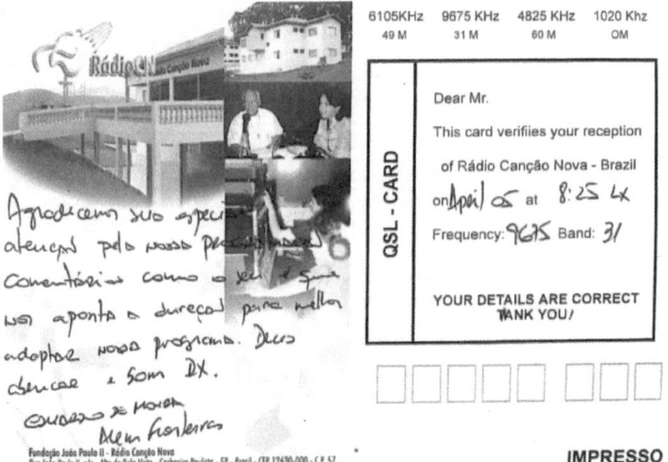

CARTÃO QSL RÁDIO WHRA (2000)

VERIFICATION

We are pleased to verify your
reception of World Harvest Radio:

Date _April 30, 2000_

Time _0530_ UTC

Freq _11565_ kHz

Thank you for your report.

James L. Holycross
WHRA Engineering

STUDIO:
61300 S. Ironwood Rd.
South Bend, IN
46614 U.S.A.

TRANSMITTER:
Greenbush, Maine
U.S.A.

CRISTIANO AMARAL
RUKA AVELILNO GIAROLA 272
CAU AZUL, BELO HORIZONTE
MINAS GERASIS 33580-970
BRAZIL, (SOUTH AMERICA)

CARTÃO QSL RÁDIO

KOREAN BROADCASTING SYSTEM (2013)

TARJETA DE VERIFICACIÓN

Sr.(a) _Cristiano Torres Do Amaral_

Gracias por su informe de recepción sobre nuestras emisiones.

Sus informes corresponden perfectamente a nuestros registros.

Le invitamos a que continúe enviando sus comentarios y opiniones para poder seguir brindándole los mejores programas.

Frecuencia: _9h05_ kHz

UTC (GMT): _6/:00 ~ 12:00_

Fecha : _02 / 05 / 13_

Mascota oficial de KBS World Radio por su 60º Aniversario

KBS World Radio presenta su mascota oficial, con motivo de la celebración de su 60º aniversario.

¡KBS World Radio es la ventana que muestra las diversas facetas de la 'Corea Dinámica'!

KBS WORLD Radio

2013-2/4

Enviar Cartas, Informes de Recepción y Sugerencias a: Servicio en Español KBS WORLD Radio, KBS Apartado Postal 150-790 Seoul Republic of Korea.
Página Web : world.kbs.co.kr/spanish/ E-mail: spanish@kbs.co.kr

Printed matter Sponsored by the CDF of Korea Communications Commission

INFORME DE RECEPÇÃO DE ONDAS CURTAS
RÁDIO KOREAN BROADCASTING SYSTEM

Remitente :

Sello
Postal

Spanish Service

KBS WORLD Radio

Korean Broadcasting System
18, Yeouido-dong, Yeongdeungpo-gu,
Seoul 150-790, KOREA
e-mail : spanish@kbs.co.kr
web : world.kbs.co.kr/spanish

PAR AVION VIA AIR MAIL CORREO AEREO

	S Intensidad de la Señal	I Interferencia	N Ruido	P Perturbaciones de la Señal	O Apreciación de conjunto
5	Excelente	Nula	Nulo	Ninguna	Excelente
4	Buena	Ligera	Ligero	Ligeras	Buena
3	Aceptable	Moderada	Moderado	Moderadas	Aceptable
2	Mediocre	Intensa	Intenso	Intensas	Mediocre
1	Apenas audible	Muy intensa	Muy intenso	Muy intensas	Inutilizable

INFORME DE RECEPÇÃO DE ONDAS CURTAS

RÁDIO TAIWAN INTERNACIONAL

Rti
中央廣播電台
Radio Taiwan International

INFORME DE RECEPCIÓN DE RADIO TAIWÁN INTERNACIONAL
P.O.Box 123-199, Taipei 11199, Taiwán
TEL : 886-2-28856168 ext. 384   Sitio Web : http ://www.rti.org.tw
FAX 886-2-28867088   E-mail : rti@rti.org.tw

Nombre y apellidos : _______________________________________

Dirección Postal : ____

Profesión : ___________________ Modelo de radio : ___________

Edad : ________________ E-mail : __________________________

Fecha	Hora UTC	Frecuencia (KHz)	S	I	N	P	O	Síntesis del programa y comentarios generales

Observaciones :

TABLA DE CALIFICACIONES TÉCNICAS

S=QSA Intensidad de la señal		I=QRM Interferencia		N=QRN Ruido estático		P=QSB Desvanecimento		O=QRK Apreciación general	
5	Excelente	5	Ninguna	5	Ninguno	5	Ninguno	5	Excelente
4	Fuerte	4	Ligera	4	Ligero	4	Ligero	4	Bueno
3	Normal	3	Moderada	3	Moderado	3	Moderado	3	Aceptable
2	Pobre	2	Fuerte	2	Fuerte	2	Notable	2	Pobre
1	Casi inaudivle	1	Muy Intensa	1	Muy fuerte	1	Muy acentuado	1	Inservible

PREMIAÇÃO DA RÁDIO INTERNACIONAL DA CHINA (2005)

Beijing, 11 de novembro de 2005

Caro ouvinte,

O Departamento de Português da Rádio Internacional da China está lhe enviando um prêmio em virtude de sua participação no Concurso de Sentir e Viver a China e dos 45 anos do Departamento de Português da CRI.

A lista de premiados por categoria está na quarta edição do Fanzine da CRI. Esperamos que goste do presente que enviamos.

Também aproveitamos a oportunidade para agradecer imensamente a sua participação. Da mesma forma, desejamos que você continue prestigiando os concursos promovidos pela CRI e apoiando os nossos trabalhos.

Atenciosamente

Departamento de Português

#16A Shijingshan Rd. Beijing 100040 China
Tel:(8610)68891001 Fax:(8610)68891059 http://www.cri.com.cn

PREMIAÇÃO DA RÁDIO BULGÁRIA (2005)

Radio Bulgaria

4, Dragan Tsankov Blvd., 1040 Sofia, Bulgaria, fax (359 2) 8650 560
Tel: (359 2) 9336 678, E-mail: spanish@bnr.bg, spanish@nationalradio.bg

Sofia, 25 de abril 2005

Apreciado amigo:

Quisiéramos en esta ocasión reiterarle nuestro agradecimiento por la participación en el concurso por el 70 aniversario de Radio Nacional de Bulgaria y expresarle nuestras felicitaciones por el Premio Máximo que ha recaído sobre la respuesta que Ud. nos envió.

Contamos siempre con su interés por los programas de Radio Bulgaria y por la realidad de nuestro país.

Con cordiales saludos,

Ludmila Petra
Radio Bulgaria
Servicio Hispánico

PREMIAÇÃO DA RÁDIO TAIWAN INTERNACIONAL (2004)

Taipei, 4 de febrero de 2004

Estimado/a oyente:

Con motivo del concurso "Las diez noticias de 2003", tenemos el placer de informarle que usted ha sido el ganador del premio afortunado-un medallón de oro.

Radio Taiwan Internacional le agradece por su participación.

Cordialmente,
Sección española de Radio Taiwan Internacional

PREMIAÇÃO DA RÁDIO ROMÊNIA INTERNACIONAL (2004)

CARTA DE DESPEDIDA

RÁDIO ROMÊNIA INTERNACIONAL

Societatea Română de Radiodifuziune

Radio România Internațional

Bucureşti P.O. Box 111
60-62 G-ral Berthelot
E-Mail: rri@rri.ro
Fax: 40-1-2232613
Tel:

www.rri.ro

Prezado Amigo,

Esperamos que desfrute de saúde, de paz e prosperidade juntamente com a sua família. Nunca pensámos que iriamos escrever uma tal carta de despedida. Deve ser do seu conhecimento que o Departamento de Português da RRI **deixou de funcionar**. Nesse sentido, queremos agradecer a si a solidariedade manifestada com os nossos programas.

Nos vai faltar a sua correspondência e nunca esqueceremos a sua presença na nossa Rádio.

Pedimos desculpa pelos enormes atrasos nas respostas devido ao reduzido pessoal que tivemos. Tivemos muita felicidade em trocar cartas consigo em amizade e pedimos compreensão pelos incômodos que lhe provocamos com as nossas respostas e com a qualidade da propagação dos nossos programas. Ficará, se quiser, com os programas da R.R.I. em espanhol.

Se um dia o Departamento de Português estiver novamente no ar, espermaos que o será em condições de sintonia de qualidade internacional.

Auguramos a si muita saúde, felicidade, paz e prosperidade e muitos '73!

Já com saudade,
seus amigos do ex-Departamento de Português da RRI.

MODERNIZAÇÃO DA RÁDIO INCONFIDÊNCIA

Homenagem à equipe de licitações com Tutti Maravilha
Belo Horizonte/MG – 2005

Durante os anos 2000, no estado de Minas Gerais, havia poucos profissionais com experiência técnica em pregões eletrônicos, bem como processos licitatórios para aquisição equipamentos de telecomunicações. Naquela ocasião, apoiamos o processo de modernização da emissora e, acompanhado do Major Adilson de Oliveira Prado, recebemos os agradecimentos da equipe da Rádio Inconfidência na sede da emissora.

AGRADECIMENTOS DA RÁDIO INCONFIDÊNCIA

Prezado Sargento Cristiano Torres Amaral

Estamos fechando 2005 com muitas conquistas. Entre elas, a de concluirmos um processo de licitação complexo, que dotará a nossa Rádio Inconfidência de nova condição operacional, com ganhos significativos para nós e nossos ouvintes, no tempo em que comemoramos 70 anos de vida com música, informação, entretenimento e prestação de serviços.

Sua presença competente no esforço pela realização desse trabalho foi fundamental e por ela lhe somos reconhecidos.

Aceite, junto com nossos agradecimentos, os votos sinceros de Boas Festas e um Venturoso 2006.

Cordialmente,

Nestor Sant'Anna
Presidente da Rádio Inconfidência

Av. Raja Gabáglia, 1666 - Luxemburgo - Belo Horizonte - MG - 30350-540 - Tels: (31) 3297-7344 - Telefax: (31) 3297-7348

OBSERVATÓRIO ASTRONÔMICO

Observatório astronômico da UFMG
Serra da Piedade, Caeté/mg - 2008

O projeto de expansão das comunicações de rádio de segurança pública exigia a coordenação com diferentes entes públicos e privados que estavam situados no ponto topográfico mais alto da região metropolitana de Belo Horizonte (1.746 metros). Durante o encontro com o Prof. Renato Las Casas avaliamos a localização mais adequada de uma torre para suportar antenas de rádio VHF e UHF, de maneira que não impactasse nos projetos de pesquisa que estavam em andamento.

REVISTA RADIO RESOURCE INTERNATIONAL - 2012

The FIFA World Cup is one of the biggest sporting events in the world, comparable in size and popularity only to the Olympic Games. Brazil is the only country that has participated in every World Cup, but hosted only once in 1950. However, in 2007, Brazil won the right to host the 2014 World Cup. In May 2009, FIFA announced the 12 host cities for the event in Brazil. One of the cities is Belo Horizonte, the capital of the state of Minas Gerais, with a population of about 2.5 million people. The city is located about 800 kilometers from Brasília and 400 kilometers from Rio de Janeiro.

FIFA recommended specifications for the security requirements for the city and its surrounding area to ensure there is appropriate security infrastructure for the media, delegates and teams. Security requirements include control of access and parking to the stadium areas within a two-kilometer radius, control of the public on the access roads to and from the stadium, and one access road with an exclusive lane for emergency vehicles and police. The citywide security was already set by local authorities and includes the stadium area, city center and main access roads into the city.

The event also requires efficiency in the police communications system to maintain a high level of public security. The digital service recommendations included encryption, automatic monitoring of fleet vehicles using GPS and AVL, the ability to send and receive short message service (SMS) messages, as well as other applications. The goal is that digital technology will make communications more efficient and effective to help manage the large event.

TETRA technology is able to fulfill all of the listed requirements. In 2007, a TETRA radio system was installed and used in Rio de Janeiro to support public-safety communications during the 15th edition of the Pan American Games (see "Rio Prepares for World Stage,"

O texto analisa a viabilidade de digitalização do sistema de radiocomunicação de segurança de Belo Horizonte para a Copa do Mundo de Futebol.

313

ENTREVISTA NA RÁDIO CBN AMAZÔNIA

Tecnologia e desenvolvimento infantil
Porto velho/RO — 2019

Nesta entrevista debatemos o papel da tecnologia, em especial, do telefone celular no desenvolvimento das crianças e adolescentes. O tema foi abordado no Programa Audiência Pública da Rádio CBN Amazônia, com a participação da psicóloga Prof. Carla Ito e apresentador Juan Rodrigues.

REDE DE RÁDIOS VIA SATÉLITE NA AMAZÔNIA

Porto Velho/RO — 2019

A expansão das comunicações terrestres na Amazônia depende de recursos tecnológicos de alta tecnologia e integração de sistemas operacionais com recursos de comunicação via satélite. Neste ensaio testamos a interconexão de repetidores de rádio utilizando um enlace satelital na banda C.

PESQUISA DE RÁDIO DEFINIDO POR SOFTWARE

Porto Velho/RO - 2019

Equipe formada por professores, estudantes de engenharia elétrica e profissionais de tecnologia da informação. Neste trabalho desenvolvemos um sistema de monitoramento das comunicações da Estação Espacial Internacional para acesso remoto utilizando Rádio Definido por Software (SDR). Na foto estão Lorena Guedes (Bolsista do CNPQ); Prof. Edilson Dantas; Alessandro Gabriel (Estagiário); Lucas Galvão (Estagiário) e, ao fundo, Prof. Marcus Braga.

PROJETOS DE PESQUISA COM RADIOCOMUNICAÇÃO

Monitoramento do Espectro Eletromagnético
Porto Velho/RO – 2019

Apresentação dos equipamentos de monitoramento do espectro eletromagnético aos bolsistas do Conselho Nacional de Desenvolvimento Científico e Tecnológico Conselho Nacional (CNPQ), no Laboratório de Engenharia e Telecomunicações do Centro Regional de Porto Velho, do Centro Gestor e Operacional do Sistema de Proteção da Amazônia (CENSIPAM). Na foto estão os engenheiros Lorena Guedes e Artur Salvador.

ENSINO DE TELECOMUNICAÇÕES

PORTO VELHO/RO – 2018

Apresentação dos sistemas de comunicação via satélite do Centro Regional de Porto Velho, do Centro Gestor e Operacional do Sistema de Proteção da Amazônia (CENSIPAM). Desde os inícios dos trabalhos em Porto Velho/RO, buscamos parcerias com escolas técnicas e profissionalizantes para divulgação e popularização da ciência. Na foto, os estudantes do curso técnico de informática do Instituto Federal de Rondônia (IFRO) conheceram o sítio de antenas.

GRUPO DE PESQUISA METROTECH

REDE TV RONDÔNIA
PORTO VELHO/RO - 2019

Em 2019, formamos o grupo de pesquisa Metrotech. A equipe de estudantes era muito dedicada e atuante no estado de Rondônia. Participamos de diversos eventos e premiações. Este foi o primeiro emprego de dezenas de engenheiros eletricistas em Porto Velho/RO.

ACADEMIA MILITAR AGULHAS NEGRAS

Estudantes de Engenharia de Produção
RESENDE/RJ — 2017

As equipes de estudantes de engenharia que orientei na Amazônia participaram de diversos eventos pelo país, com a publicação e apresentação de trabalhos relacionados às telecomunicações na Amazônia.

ACADEMIA DA FORÇA AÉREA

ESTUDANTES DE TECNOLOGIA

PIRASSUNUNGA/SP — 2015

ESCOLA NAVAL

ESTUDANTES DE ENGENHARIA ELÉTRICA

RIO DE JANEIRO/RJ — 2019

REFERÊNCIAS BIBLIOGRÁFICAS

[1]	ITU (União Internacional de Telecomunicações). Recomendação ITU-R SM.1135-0 – Códigos SINPO e SINPFEMO. Disponível em: https://www.itu.int/dms_pubrec/itu-r/rec/sm/R-REC-SM.1135-0-199510-I!!PDF-E.pdf Acesso em 02/02/21.

[2]	ITU (União Internacional de Telecomunicações). Recomendação ITU-M. 1677-1 – Código Morse Internacional. Disponível em: https://www.itu.int/rec/R-REC-M.1677-1-200910-I Acesso em 02/02/21.

[3]	ITU (União Internacional de Telecomunicações). Regulamentos de Rádio. Volume I. Disponível em: https://www.itu.int/pub/R-REG-RR-2016 Acesso em 02/02/21.

[4]	ITU (União Internacional de Telecomunicações). Regulamentos de Rádio. Volume II. Disponível em: https://www.itu.int/pub/R-REG-RR-2016 Acesso em 02/02/21.

[5]	BRASIL. Manual de Campanha – Básicos de Comunicações 1ª ed. Rio de Janeiro: Exército Brasileiro, 1962.

[6]	ITU (União Internacional de Telecomunicações). Recomendação ITU M.1172-0 – Abreviação e sinais utilizados em comunicação. Disponível em: https://www.itu.int/rec/R-REC-M.1172-0-199510-I/en Acesso em 02/02/21.

[7]	ITU (União Internacional de Telecomunicações). Regulamentos de Rádio. Volume I. Disponível em: https://www.itu.int/pub/R-REG-RR-2016 Acesso em 02/02/21.

[8]	ON (Observatório Nacional). Divisão Serviço da Hora - DSHO Hora Legal Brasileira. Disponível em: http://pcdsh01.on.br/Fusbr.htm Acesso em 02/02/21.

[9]	ITU (União Internacional de Telecomunicações). Regulamentos de Rádio. Volume I. Disponível em: https://www.itu.int/pub/R-REG-RR-2016 Acesso em 02/02/21.

[10]	ITU (União Internacional de Telecomunicações). Regulamentos de Rádio. Disponível em: https://www.itu.int/pub/R-REG-RR-2016 Acesso em 02/02/21.

[11] ANATEL (Agência Nacional de Telecomunicações). Tabela de Alocação de Frequências da ANATEL Disponível em: https://www.anatel.gov.br/Portal/verificaDocumentos/documento.asp?numeroPublicacao=314474&pub=original&filtro=1&documentoPah=314474.pdf Acesso em 02/02/21.

[12] NBS (Bureau Nacional de Padronização - EUA). Rádio Propagação Ionosférica. Disponível em: https://www.govinfo.gov/content/pkg/GOVPUB-C13-fb3928334c2e900ed6a1cc1312e7db64/pdf/GOVPUB-C13-fb3928334c2e900ed6a1cc1312e7db64.pdf Acesso em 02/02/21.

[13] DURANTON, P. Radio Aficionados: bandas de 27 e 28-30 MHz. Madri: Editora Paraninfo, 1982.

[14] NBS (Bureau Nacional de Padronização dos EUA). Rádio Propagação Ionosférica. Disponível em: https://www.govinfo.gov/content/pkg/GOVPUB-C13-fb3928334c2e900ed6a1cc1312e7db64/pdf/GOVPUB-C13 Acesso em 02/02/21.

[15] QRPARCI – Atividade Solar e Propagação HF. Disponível em: http://www.qrparci.org/resource/FDIM81.pdf Acesso em 02/02/21.

[16] NASA (Administração Nacional Aeronáutica e Espacial dos EUA). Tempestades solares. Disponível em: https://www.nasa.gov/mission_pages/sunearth/news/storms-on-sun.html Acesso em 02/02/21.

[17] ITU (União Internacional de Telecomunicações). Recomendação ITU R P.533-7 – Método de predição da propagação em HF. - Coeficiente de absorção da atmosfera para predição de sinais de rádio. Disponível em: https://cutt.ly/LjNaJ2o Acesso em 02/02/21.

[18] NASA (Administração Nacional Aeronáutica e Espacial - EUA). Tempestades solares. Disponível em: https://www.nasa.gov/mission_pages/sunearth/news/storms-on-sun.html Acesso em 02/02/21.

[19] MIT (Instituto de Tecnologia de Massachusetts dos EUA). Cálculo da curvatura da Terra. Disponível em: https://github.com/dizzib/earthcalc Acesso em 02/02/21.

[20] VAISALA. Radiossondas. Disponível em: www.vaisala.com Acesso em

02/02/21.

[21] INMET (Instituto Nacional de Meteorologia). Mapas das Estações Meteorológicas em Tempo Real. Disponível em: https://mapas.inmet.gov.br Acesso em 02/02/21.

[22] NOOA (Administração Nacional Atmosférica e Oceânica dos EUA). Guia para usuários, operação e construção de estações de recepção de satélites ambientais. Disponível em: https://noaasis.noaa.gov/NOAASIS/pubs/Users_Guide-Building_Receive_Stations_March_2009.pdf Acesso em 02/02/21.

[23] LESHAMILTON. APTDecoder *Software* – Disponível em: https://leshamilton.co.uk/aptdec.htm Acesso em 02/02/21.

[24] WRAASE. WXtoImg *Software* – Disponível em: https://www.wraase.de/wxtoimg/ Acesso em 02/02/21.

[25] NOAA (Administração Nacional Atmosférica e Oceânica dos EUA). Rastreamento dos satélites. Disponível em: https://www.sarsat.noaa.gov Acesso em 02/02/21.

[26] NPL (Laboratório Nacional de Física dos EUA). Relógio de Césio 133. Disponível em: http://www.npl.co.uk/upload/img/essen-experiment_1.jpg Acesso em 02/02/21.

[27] NIST (Instituto Nacional de Padrões e Tecnologia dos EUA). História da Rádio WWV. Disponível em: https://www.nist.gov/time-distribution/radio-station-wwv Acesso em 02/02/21.

[28] ANATEL (Agência Nacional de Telecomunicações). Portal do Rádio do Cidadão. Disponível em: https://antigo.anatel.gov.br/setorregulado/radio-do-cidadao Acesso em 02/02/21.

[29] ANATEL (Agência Nacional de Telecomunicações). Portal do Radioamador. Disponível em: https://antigo.anatel.gov.br/setorregulado/radioamadorismo Acesso em 02/02/21.

[30] NASA (Administração Nacional Aeronáutica e Espacial dos EUA). Estação Espacial Internacional. Disponível em: ISS https://www.nasa.gov/mission_pages/station/main/index.html Acesso em 02/02/21.

[31] NASA (Administração Nacional Aeronáutica e Espacial dos EUA).)

Comunicações com Marte. Disponível em: https://mars.nasa.gov/msl/mission/communications/ Acesso em 03/03/20.

[32] PHILLIPS, T. Radioamadores detectam sinais de Marte. Disponível em: https://spaceweatherarchive.com/2021/02/16/ham-radio-signals-from-mars/ Acesso em 03/03/20.

[33] NARO (Observatório de Radioastronomia dos EUA). Karl Jansky e sua antena. Disponível em: https://public.nrao.edu/gallery/karl-jansky-and-his-merrygoround/ Acesso em 03/03/20.

[34] NARDI, T. Uma miniatura de radiotelescópio em cada quintal. Disponível em: https://hackaday.com/2019/10/22/a-miniature-radio-telescope-in-every-backyard/ Acesso em 03/03/20.

[35] FBI (Bureau Federal de Investigação dos EUA). Caso Ana Montes. Disponível em: https://archives.fbi.gov/archives/news/stories/2008/september/montes_091209 Acesso em 02/02/21.

[37] GNU Free. Onda Eletromagnética.svg Disponível em: https://commons.wikimedia.org/wiki/File:Onde_electromagnetique.svg Acesso em 08/02/21.

[38] GNU Free. Animação de Recepção da Antena Dipolo 800x394x150ms.gif Disponível em: https://commons.wikimedia.org/wiki/Special:GlobalUsage/Dipole_receiving_antenna_animation_6_800x394x150ms.gif Acesso em 08/02/21

[39] BALANIS, C. A. Teoria de Antena: análise e síntese. Nova Iorque: Ed, John Willey, 2016.

[40] BBC. Guia do Ouvinte. Disponível em: http://www.listenersguide.org.uk/ Acesso em 08/02/21

[41] AA5TB. Antenas Loop. Disponível em: http://www.aa5tb.com/loop.html Acesso em 08/02/21.

[42] IZ8XLS. Antena Loop Magnética. Disponível em: https://iz8xls.jimdofree.com/loop-magnetico/ Acesso em 08/02/21.

[43] EASY SDR. Antena *MiniWhip*. Disponível em: https://github.com/IgrikXD/Easy-SDR Acesso em 08/02/21.

[44] RISH (Instituto de Pesquisa para Humanosfera Sustentável do Japão).

Guia de construção da antena quadra helix. Disponível em: http://www.rish.kyoto-u.ac.jp/digitalbeacon/information/Building_QFH_Antenna_Guide.pdf Acesso em 08/02/21.

[45] LW3HAZ. Calculadora online da antena Quadra Helix. Disponível em: http://jcoppens.com/ant/qfh/calc.en.php Acesso em 08/02/21.

[46] JPO (Escritório de Patentes do Japão). Antena Hidetsugu Yagi Yagi. Disponível em: https://www.jpo.go.jp/e/introduction/rekishi/10hatsumeika/hidetsugu_yagi.html Acesso em 09/02/21.

[47] HKE. História da Hitachi Kokusai. Disponível em: https://www.hitachi-kokusai.co.jp/global/en/corporate/history.html Acesso em 09/02/21.

[48] YAGI, H. UDA, S. Dispositivo direcional geração de onda elétrica variável. Disponível em: https://patentimages.storage.googleapis.com/a5/c2/b1/fb462cd4d6cdb6/US1860123.pdf Acesso em 09/02/21.

[49] SATO, G. Uma história secreta sobre a antena Yagi. Acesso em: https://ieeexplore.ieee.org/stamp/stamp.jsp?arnumber=88216 Disponível em 09/02/21.

[50] YAGI, H. UDA, S. Projetor do feixe mais agudo de ondas elétricas. Disponível em: https://www.jstage.jst.go.jp/article/pjab1912/2/2/2_2_49/_pdf/-char/en Disponível em 09/02/21.

[51] HAYKIN, S.; MOHER, M. Sistemas de Comunicação. Porto Alegre: Bookman, 2011.

[52] GOMES, A. T. Telecomunicações: Transmissão e recepção AM/FM e Sistemas Pulsados. São Paulo: Érica, 1998.

[53] BIRAKDAR, G. Estudo de Modulação e Demodulação AM. Disponível em: https://www.mathworks.com/matlabcentral/fileexchange/30907-study-of-am-modulation-and-demodulation Acesso em 12/02/21.

[54] ANATEL. Resolução nº 721, de 11 de fevereiro de 2020 - Regulamento sobre Canalização e Condições de Uso de Radiofrequências para os Serviços de Radiodifusão e seus Ancilares. Disponível em: https://www.anatel.gov.br/legislacao/resolucoes/2020/1383-resolucao-721 Acesso em 12/02/21.

[55] HAYKIN, S.; MOHER, M. Sistemas de Comunicação. Porto Alegre: Bookman, 2011.

[56] WBU. União de Radiodifusão Mundial. Guia de Rádio Digital. Disponível em: https://worldbroadcastingunions.org/wp-content/uploads/2019/04/WBU-Radio-Guide-Ver-2019.pdf Acesso em 20/02/21.

[57] LAKEY, R. J.; UPMAL, D. W. Software Rádio Militar. IEEE Commun. Mag., vol. 33, pp. 56-61, May 1995. Disponível em: https://ieeexplore.ieee.org/document/392998 Acesso em 12/02/21.

[58] NI (National Instruments). USRP - Rádio Definido por *Software*. https://www.ni.com/pt-br/support/model.usrp-2901.html Acesso em 12/02/21.

[59] SIGNAL WIKI. Guia de Identificação de Sinais. Disponível em: https://www.sigidwiki.com/wiki/Signal_Identification_Guide Acesso em 27/02/21.

[60] WISH. Kit SDR. Disponível em: https://cutt.ly/hlP1oav Acesso em 27/02/21.

[61] ANATEL (Agência Nacional de Telecomunicações). Anatel integra sistemas de monitoramento e localização de radiofrequências. Disponível em: https://www.anatel.gov.br/Portal/verificaDocumentos/documento.asp?numeroPublicacao=98634&assuntoPublicacao=null&caminhoRel=null&filtro=1&documentoPath=biblioteca/releases/2004/release_27_05_2004(3).pdf Acesso em 06/03/21.

[62] BRASIL. Exército Brasileiro. Liberdade de ação no espaço cibernético. Disponível em: http://www.epex.eb.mil.br/index.php/defesa-cibernetica Acesso em 06/03/21.

[63] BRASIL. Marinha do Brasil. Grupo de Sistemas de Guerra Eletrônica. Disponível em: https://www.marinha.mil.br/ipqm/grupo_guerra_eletronica Acesso em 06/03/21.

[64] BRASIL. Força Aérea Brasileira. O que é o PESE. Disponível em: https://www2.fab.mil.br/ccise/index.php/o-que-e-o-pese Acesso em 06/03/21.

[65] BRASIL. Força Aérea Brasileira. Laboratório de Guerra Eletrônica.

Disponível em: http://www.ita.br/laboratorios/guerraeletronica Acesso em 06/03/21.

[66] BRASIL. Centro Gestor e Operacional do Sistema de Proteção da Amazônia. Disponível em: www.sipam.gov.br Acesso em 06/03/21.

[67] BRASIL. Força Aérea Brasileira. Ofício 424/CG1/10982 – Processo 67000.009981/2020-83 de Redistribuição de Cristiano Torres do Amaral para o Laboratório de Guerra Eletrônica do ITA. Disponível em: www.sei.defesa.gov.br. Acesso em 06/03/21.

[68] BRASIL. Ministério da Defesa. Portaria nº 642 – DIGER/CENSIPAM. Disponível em: https://www.in.gov.br/web/dou/-/portaria-diger/censipam/sg-md-n-642-de-8-de-fevereiro-de-2021-303466160 Acesso em 06/03/21.

[69] GNU Free. German WW I field telegraph 002.jpg. Disponível em: https://commons.wikimedia.org/wiki/File:German_WW_I_field_telegr aph_002.jpg Acesso em 23/03/21.

[70] PRAUN, A. Inteligência de Rádio Alemã. Disponível em: https://www.nsa.gov/Portals/70/documents/news-features/declassified-documents/friedman-documents/publications/FOLDER_240/41748999078819.pdf Acesso em 23/03/21.

[71] BENSON, R. L. A história Venona. Disponível em: https://www.nsa.gov/Portals/70/documents/about/cryptologic-heritage/historical-figures-publications/publications/coldwar/venona_story.pdf Acesso em 23/03/21.

[72] NSA (Agência Nacional de Segurança dos Estados Unidos). Relatórios sobre o Ataque de 11 de setembro. Disponível em: https://govinfo.library.unt.edu/911/report/index.htm Acesso em 23/03/21.

[73] NOHAR, L. F. M. Curso de Guerra Eletrônica. Disponível em: https://guerraeletronica.com/ Acesso em 23/03/21.

[74] RFERL. Iran Says No To Returning U.S. Drone, But Hints At Deal. Disponível em: http://www.rferl.org/a/us_iran_drone_deal/24418300.html Acesso em 23/03/21.

[75] MARQUES, J. Voo irregular de Drone fecha Aeroporto de Congonhas

por 20 minutos. Disponível em: https://sao-paulo.estadao.com.br/noticias/geral,voo-irregular-de-drone-fecha-aeroporto-de-congonhas-por-20-minutos,70002673484 Acesso em: 23/03/2021.

[76] DECEA (Departamento de Controle do Espaço Aéreo). Ação coordenada entre PRF e DECEA impede voo irregular na ponte Rio-Niterói. Disponível em: https://www.decea.gov.br/?i=midia-e-informacao&p=pg_noticia&materia=acao-coordenada-entre-prf-e-decea-impede-voo-irregular-na-ponte-rio-niteroi Acesso em: 02/06/2020.

[77] AMARAL, C. T.; DANTAS JR., E. V.; COUTINHO, O. Detecção de Drones utilizando rede de sensores de RF baseados em RDS. In: Simpósio de Aplicações Operacionais em Áreas de Defesa. Disponível em: https://www.sige.ita.br/wp-content/uploads/2020/10/P_10.pdf Acesso em 23/03/21.

[78] ROHDE E SCHWARZ. Monitoramento do Espectro. Disponível em https://www.rohde-schwarz.com/us/products/aerospace-defense-security/spectrum-monitoring/pg_overview_63720.html Acesso em 29/03/21.

[79] KEYSIGHT Technologies. Analisadores do Espectro. Disponível em: https://www.keysight.com/br/pt/products/spectrum-analyzers-signal-analyzers.html Acesso em 29/03/21.

[80] HARRIS Communications. Disponível em: https://harriscommunications.com/ Acesso em 29/03/21.

[81] MOTOROLA. Soluções em Comunicações Críticas. https://www.motorolasolutions.com/en_xu/products.html Acesso em 29/03/21.

[82] PENNA, G. A. Revistas Antenna: Eletrônica Popular. Disponível em: http://www.anep.com.br/ Acesso em 27/02/21.

[83] BARBOSA, M. A. Radioescuta: o mundo em suas mãos. Recife: Barbosa, 1993.

[84] FOSSÁ, A. A. Manual do Radioescuta. Porto Alegre: Fossá, 1994.

[85] ROMAIS. Célio. O que é rádio em ondas curtas. São Paulo: Editora Brasiliense, 1994.

[86] IBGE (Instituto Brasileiro de Geografia e Estatística). Uso da internet,

celular e televisão no Brasil. Disponível em: https://educa.ibge.gov.br/jovens/materias-especiais/20787-uso-de-internet-televisao-e-celular-no-brasil.html Acesso em 27/02/21.

[87] RET. Revista Eletrônica Total. Disponível em: https://www.saraiva.com.br/eletronica-total-157-5324956/p Acesso em 27/02/21.

[88] ADXB. Associação DX do Brasil. Disponível em: http://www.adxb.com.br/ Acesso em 27/02/21.

[89] DXCB. DX Clube do Brasil. Disponível em: https://www.ondascurtas.com/ Acesso em 27/02/21.

[90] DXCSF. DX Clube Sem Fronteiras. Disponível em: https://www.dxclubesemfronteiras.com/ Acesso em 27/02/21.

[91] IBGE (Instituto Brasileiro de Geografia e Estatística). Domicílios particulares permanentes, por posse de rádio. Disponível em: https://seriesestatisticas.ibge.gov.br/series.aspx?vcodigo=PD281 Acesso em 27/02/21.

[92] GALLETTI, U. Grupo Rodada dos Radioescutas. Disponível em: https://www.facebook.com/groups/1153655714678249 Acesso em 27/02/21.

[93] ZURMELY, R. Página pessoal de PY4ZBZ. Disponível em: https://www.qsl.net/py4zbz/ Acesso em 27/02/21.

[94] ARGOLO NETO, A. A. Imagens do Rádio: elementos para uma análise do rádio internacional no Brasil. São Paulo: ABEU, 2017.

[95] AGUIAR, V. O rádio internacional: das ondas curtas à internet. Santos: Editora Universitária Leopoldianum, 2019.

[96] CARATTI, R. GIT HUB – Biblioteca para Arduino - SI4735. Disponível em: https://github.com/pu2clr/SI4735 Acesso em 27/02/21.

[97] CARATTI, R. Grupo SI47XX para radioescutas. Disponível em: https://www.facebook.com/groups/1121785218031286 Acesso em 27/02/21.

[98] WRTH. World Radio TV Handbook. Disponível em: http://www.wrth.com/ Acesso em 27/02/21.

[99] WOOD, J. História da radiodifusão internacional. Disponível em: https://nvhrbiblio.nl/biblio/boek/Wood%20-%20History%20of%20International%20Broadcasting%201.pdf

Acesso em 27/02/21.

[100] IEEE (Instituto de Engenheiros Eletricistas e Eletrônicos). Revista Spectrum. Disponível em:https://innovate.ieee.org/ieee-spectrum-january-2021/ Acesso em 27/02/21.

[101] ITU (União Internacional de Telecomunicações).Revista ITU News. Disponível em: https://www.itu.int/en/myitu/Publications/2020/04/02/09/19/ITU-News-Magazine-No-5---2019 Acesso em 27/02/21.

[102] PODCASTS BBC. Guia do Ouvinte. Disponível em: http://www.listenersguide.org.uk/bbc/ Acesso em 27/02/21.

[103] SHORT-WAVE.INFO. Bandas de Ondas Curtas. Disponível em: https://short-wave.info/ Acesso em 27/02/21.

[104] PRIYON. Estações Números. Disponível em: https://priyom.org/ Acesso em 27/02/21.

Cristiano Torres do Amaral

Escritor, engenheiro, geógrafo, mestre em engenharia elétrica e mestre em geografia, doutor em desenvolvimento regional e meio ambiente. Atuou na gestão, coordenação e docência de cursos superiores e tecnológicos em ciências exatas, geociências, segurança pública e defesa.